FENGDIANCHANG JIJIAN ZUOYE ANQUAN

风电场基建作业安全

张劢 许蔚 史士义 编

中国电力出版社
CHINA ELECTRIC POWER PRESS

内 容 提 要

本书从“本质安全”的人、机、环、管四个方面入手，对风电场基建阶段（包括土建、安装、调试）各项作业任务的安全要求进行了详细梳理，并针对各项作业任务进行了危险源辨识，提出了安全防范措施和现场处置预案。

本书注重实用性和指导性，可用作风电场基建作业人员安全培训的教材，对风电场建设一线的施工、安装和调试人员也有较大参考价值。

图书在版编目（CIP）数据

风电场基建作业安全/张励，许蔚，史士义编. —北京：中国电力出版社，2018.10

ISBN 978-7-5198-2447-1

Ⅰ. ①风… Ⅱ. ①张… ②许… ③史… Ⅲ. ①风力发电–电力工程–工程施工–安全技术 Ⅳ. ①TM614

中国版本图书馆 CIP 数据核字（2018）第 217263 号

出版发行：中国电力出版社
地　　址：北京市东城区北京站西街 19 号（邮政编码 100005）
网　　址：http://www.cepp.sgcc.com.cn
责任编辑：邓慧都（010-63412636）
责任校对：黄　蓓　李　楠
装帧设计：赵姗姗
责任印制：石　雷

印　　刷：北京博图彩色印刷有限公司
版　　次：2018 年 10 月第一版
印　　次：2018 年 10 月北京第一次印刷
开　　本：880 毫米×1230 毫米　32 开本
印　　张：7.625
字　　数：191 千字
印　　数：0001—4000 册
定　　价：48.00 元

前 言

在诸多可再生能源中，与光伏发电、生物质发电、潮汐发电等技术相比较，风力发电技术更成熟、建造周期更短、成本更低廉、对环境的破坏更小，是一种被普遍公认为安全、可靠、清洁的能源。在国家可持续发展和科学发展观这一总的发展大政方针的指引下，风电正成为我国重要的能源来源之一，截至2014年底，我国风电装机规模就已达到世界第一，截至2017年底，我国风电累计并网装机容量为1.64亿kW。

随着我国风电应用规模的不断扩大，在风电场建设和生产中暴露出的安全问题也越来越多。风电行业的安全管理涉及整个产业链，点多、线长、面广，包括风机设备、部件的生产制造，风电场的土建，风机部件的现场组装，风机设备的安装、调试，在运风机的运行与维护，以及各种配套服务环节。但是，与同属于电力行业的火电厂、水电厂等传统电厂相比，风电场对安全的重视程度不高，安全管理体系不健全、行业缺乏成熟的运维经验等，要做到风电行业安全生产还有很长的路要走。

在风电场全寿期的安全管理中，风电场的基建阶段（包括土建、安装和调试）是一个较为关键的环节。在风电场基建阶段把好安全生产关，不仅仅是确保作业人员的人身安全和整个风电场的设备安全，更是为风电场今后的安全、可靠运行奠定坚实的基础。为此，笔者从“本质安全”的人、机、环、管四个方面入手，对风电场基建阶段各项作业任务的安全作业要求进行了详细梳理，并针对各项作业任务进行了危险源辨识，提出了安全防范措施和现场处置预案。

本书共5章：第1章简要介绍了我国风电产业发展现状、风力发电系统构成、风电场基建阶段的主要工作以及保证基建阶段的安全生产对“人”的总体安全要求等（由许蔚编写）；第2章描述了土建施工中各项作业的安全要求（由张劢、许蔚编写）；第3章描述了风机设备安装中各项作业的安全要求（由张劢、史士义编写）；第4章描述了风机设备调试中各项作业的安全要求（由史士义、张劢编写）；第5章介绍了风电场基建阶段的应急工作（由许蔚、张劢编写）。全书由许蔚统稿，并对图表进行了筛选。

在本书的编写过程中，得到了中广核新能源公司河南风电公司、华能集团新能源公司、中国三峡公司、中国电力工程顾问集团华北电力设计院有限公司、盾安控股集团华创风电设备制造有限公司等单位的大力支持，在此特向上述单位表达编者的谢意。同时，还要向给予特别帮助的中广核的吕晓峰先生、李宇兴先生，华能的刘庭先生，华创的刘立忠先生、张俏先生、王小东先生、邵建春先生，三峡公司的李叔楚先生，华北电力设计院的曹正宇先生等专家学者致以深深的谢意，感谢他们在编写过程中对编者的指导与帮助，并为本书的成稿付出了艰辛的工作。

编写这本书的过程，也是我们不断学习的过程。受我们的知识、经验所限，书中很可能有许多不适当的地方，错误、疏漏在所难免，诚恳地希望广大读者和同行们批评指正。

编　者

2018年4月

目 录

1 概　述

风力发电是一种主要的风能利用形式。近 20 多年来，风电技术日趋成熟，应用规模越来越大。随着国际社会传统能源紧缺压力的不断增大以及人们对环境保护关注度的日益增强，风力发电、光伏发电、生物质发电、潮汐发电等可再生能源发电技术得到了越来越多的重视。而风力发电技术由于其更成熟、建造周期更短、成本更低廉、对环境的破坏更小，被普遍认为是一种安全、可靠、清洁的能源，是目前最具有推广意义的新能源发电项目。风力发电已成为 21 世纪最具发展潜力的能源来源。

1.1 我国风电产业发展现状

我国地域辽阔，风能资源极为丰富。2009 年 12 月，中国气象局正式公布全国风能资源详查阶段成果数字为：陆上 50m 高度潜在开发量约 23.8 亿 kW，近海 5～25m 水深线内可装机量约 2 亿 kW。这就为我国大力发展风力发电提供了巨大的潜力。

风电场主要有陆基风电场和海上风电场两种，目前我国的风电场基本以陆基风电场为主，且海上风电场的建设与陆基风电场的建设存在着较大的差异，故本书仅侧重于陆基风电场的介绍。

在我国，陆上风带主要集中于“三北”（西北、华北和东北）地区，其中以酒泉风场的可利用风能资源为最佳，主要表现在外界条件好、风带集中、可利用风能容量大。其他的如蒙陕宁边界周边风场、蒙东风场等都是较为优质的风电场可选区域，也是目前我国风电场比较集中的地区。

2014年11月19日，国务院办公厅发布《能源发展战略行动计划（2014—2020年）》。其中提出："大力发展风电。重点规划建设酒泉、内蒙古西部、内蒙古东部、冀北、吉林、黑龙江、山东、哈密、江苏等9个大型现代风电基地以及配套送出工程。以南方和中东部地区为重点，大力发展分散式风电，稳步发展海上风电。到2020年，风电装机达到2亿kW，风电与煤电上网电价相当。"在国家可持续发展和科学发展观这一总的发展大政方针的指引下，风电正成为我国重要的能源来源，也越来越被人们所认同和重视。

据国家能源局数据，自1989年我国建成实际意义上的首座现代化风电场起，截至2017年底，全国风电累计并网装机容量达到1.64亿kW（不包括台湾地区），占全部发电装机容量的9.2%。2017年，风电发电量3057亿kWh，占全部发电量的4.8%。

1.2 风力发电系统和风电场简介

目前，我国风电场中安装的风力发电机组，绝大多数是水平轴、三叶片、上风向、管式塔这几种形式。风力发电的过程如下：首先，建造一个高的塔架（即风塔，通常由2～3节塔筒连接而成，装机容量为2.5MW的风电机组，其轮毂中心高度可达100m），并将风力发电机和风机叶片置于塔架的顶端，使其连接成为一个有机的整体，即风力发电机组；然后，由一定强度的风推动叶片旋转，带动叶片连接的机械传动机构将风能转化成为机械能，再经过机械传动机构将机械能传递给风力发电机，经风力发电机把机械能转化成电能；在经过一系列调整之后，最后把风力发电机发出的电能输送到电力系统中，成为公共电能系统的一部分。若干个风电机组发出的电能都集中输送到同一个升压站，并通过升压站输送到公共电能系统。这样，由若干个风电机组、集电线路和升压站有机地组合为一个整体，就构成了一个风电场。

社会上分散着多个小的风力发电机，其主要功能是为个体提供电能，比如蒙古包外竖立的小型发电风机就是为家庭式用电提供电能的，是分布式电能的一种。本文所讲的风电场是指成规模、有一定装机容量的风力发电集群，是风能转换成为电能的主要场所。一般来说，一个风电场总装机容量较小的约 50MW，较大的约 200MW，甚至更大。

1.3 风电场基建阶段的主要工作

1.3.1 风电项目的确立

风电场主要是由风电机组、集电线路和升压站三部分组成的，因此，这三部分就是风电场基建阶段的主要工程项目。在这三部分主要基建工程项目中，每部分工程项目中又都包含有土建施工、设备安装、设备调试三部分内容。

一个风电场从设想到实质开始施工建造，要经历以下流程：选址——与地方政府签订开发协议——风能资源测量及评估——委托咨询单位编制初可研及评审——报国家发改委取得立项批复——委托咨询单位编制可研——取得相关支持性文件报国家发改委核准。待收到国家发改委的核准批复后，风电项目才得以正式确立。

风电场的选址主要考虑风能质量好、风向基本稳定、风速变化小、风垂直切变小、湍流强度小、交通相对方便、靠近电网、对环境影响最小、地质条件能满足施工要求等基本条件。选址侧重于对风能资源的评价，经过风电场工程规划及风电场的预可研和可研后，又经国家相关部门批准立项，即进入风电场的各项招标工作，同时也就开始了风电场的正式建设工作。

1.3.2 风电场基建阶段的主要流程及作业项目

业主在取得风电项目后，还要经过一系列流程方可进入风电场的基建阶段。

风电场基建阶段的主要流程如下：项目公司成立——勘测招标及合同签订——接入委托及报告编制评审——监理招标及合同签订——风力发电机组招标及合同签订——塔架招标及合同签订——微观选址及风电场初步设计——初步设计评审及设计方案确定——土地征用——升压站设备招标——风电场升压站施工图设计——施工招标——工程组织实施与管理——监督检查——签订并网调度协议及购售电合同——并网安全性评价——风机调试试运行。

1.3.3 风电场基建阶段作业的特点

（1）作业环境恶劣。

风电场建设是一个从无到有的创造过程。我国风能资源主要聚集的“三北”（西北、华北和东北）地区，是发展风电的最佳地区。从我国地理环境和地形地貌以及已建成的风电场总体分布看，现有风电场普遍处于地理位置偏僻、气候条件不佳、人烟稀少、远离城市、交通不便、生存环境较为恶劣的地方。在这样的环境条件下，建设风电场和从事风电场运行工作无疑极为艰苦。

（2）工程量巨大。

由于风电场普遍位于地理位置偏僻、气候环境恶劣的区域，加上风机叶片、风力发电机等主设备大多位于几十米高的塔架高端，且叶片、轮毂、风力发电机等设备都有一定的重量，要保证主设备在塔架高端能够稳妥放置、运转，并承担较大振动频率，就要求塔架具有良好的稳定性，而塔架稳定的关键还要取决于塔架的基础。

理论上，风力发电机组是经过精密的计算、精心设计，通过风洞等空气动力学的模拟试验验证，取得了较好的稳定效果和较好的风能利用数据的工业产品；在产品生产上，从材料选用、加工方法、加工工艺、组装工艺、试验台试车等对产品进行试验，验证与理论设计相比对，在满足了设计要求和产品模拟试运行无大的异议，符合 GB/Z 25458—2010《风力发电机组合格认证规则及程序》的要求后方才投入批量生产。因此，风力发电机组从理论研究、设计、制造把控整个流程上可以有可靠保证。

在风电场实际应用中，升压站工程的绝大多数项目和内容与火力发电厂基本相同，主要区别在于容量大小、升压等级等。输出线路与普通公共电网线路架设也是基本相同的，区别在于火力发电厂输出是以升压变压器上下桩头为界的（因此，火力发电厂无输出线路），风电场输出的分界不是以升压变压器的上下桩头为界，而是以由升压变压器经过一段输出线路后，在送到指定变电站的隔离开关上下桩头为界。区别最大也最具特色的是风机塔架的竖立。

常规火力发电厂的三大主机是布设在厂房机坑上的，而风电场的发电机组是布设在风塔的顶端机舱内的。由于风力发电机组单机容量小，相对规模不大，多点分散，目前安装和在役的普遍是 1.5MW 机组，一个风电场的总装机通常在 49.5MW（标称 50MW），要建成一个风电场至少需要有 33 台风力发电机，也就必然会建 33 座塔架。也就是说，一个风电场的建设，至少要挖 33 个基坑，做 33 个基础，架 33 个塔架，安装调试 33 套轮毂叶片和 33 个机舱。因此，其工程量可见一斑。

（3）作业安全风险高。

风电场的风机、轮毂叶片，甚至塔筒都可以在试验室进行模拟试验，可以依据试验进行必要的修改，而风机塔架的基础只能在现场挖坑、现场浇筑，试验室有的仅仅是试验模块，因此从某种角度讲，塔架基础的质量决定了风机的安全。风机基础只有在设计科学、严谨、周全的条件下，完全严格按照设计要求的技术条件和工艺进行施工建造，风机塔架的安全和风机机组的稳定运行才能有可靠的保证。从这一点来讲，风机基础建造质量的优劣是风机安全的关键。

风机、轮毂叶片都是安装在塔架顶端的，风机施工现场限于有限的征地面积，活动范围普遍受到一定的限制。而轮毂、叶片的组合是在现场组装的，吊运轮毂叶片和机舱的都是大型重载起重设备，轮毂叶片、风机的安装根据工程周期安排，一般都在1～2天内完成，这样的施工方法和施工周期可谓是“时间紧、任务重”。调试作业是在机舱、轮毂叶片安装就绪后进行的，调试期间天天登塔，而且塔架、机舱容积有限，风力发电机组是采用紧凑型设备布设的，在较小的区域进行调试作业，难度可想而知。

这样的施工作业一个风电场就要重复30多次，任何一次稍有疏漏都可能引发事故。

1.4 风电场基建阶段的安全工作

基于风机建造的诸多特点，决定了其建造过程必然具有高风险的特征。高风险、小而多、总体集中具体分散等特点和特殊性反映在风电场基建阶段的安全作业方面，必然与常规电厂的建设有很大的不同。风电场的集电线路和公共电网线路，风电场升压站工程与常规电厂升压站工程有很多相似的地方，因此，本书将在其安全作业方面提及相关内容，但不进行重点阐述。应该说，风电场建设从挖掘第一铲土的土建施工开始，到设备安装、调试，到风电机组的试运行、移交投运，直到风电场的交付使用，高风险始终存在，贯穿于风电场建设的全过程。

要评估风电场基建阶段的风险和确保基建阶段的安全生产，应该从“本质安全”的安全管理理念着手。评估风电场基建阶段的具体作业风险，首先应该厘清风电场基建阶段有哪些作业项目与任务，并且对作业项目和任务进行逐项细分。在此基础上，对被细化的作业项目与任务的危险点、危险源通过充分认识、深入分析和仔细辨识，从“本质安全”的理念出发，运用其安全管理的基本方法，围绕“人—机—环—管”四大要素，面对已经细化的作业项目和任务，提出有针对性的、具体的安全防护技术措施和组织措施。有了具体的安全防护技术措施和组织措施的管理文件，重要的就是抓文件的落实。只有通过多种方式，全面、正确地落实安全防护技术措施和组织措施，才能有效地保证风电场基建阶段的安全生产。

另外，按照国家对企业安全管理的要求，还需要结合风电场实际以及可能发生的突发事件（或事故），编制对应的应急预案，以实现安全监管的全过程管理。

1.5 基建施工中安全生产要素

在进行风电场的正式建设工作之前，风电场业主、总承包商及各分包商必须明确“人”是安全生产最重要的因素。

风电场基建施工必须遵守安全生产的基本要求和规律，按照国家本质安全“人—机—环—管”四大要素来要求，并形成一个相互关联、相互制约的闭环，以此来保证风电场基建阶段的安全生产。这里提到的“人”的本质安全与条件是指凡参与、从事风电基建施工的人员应该具备的基本条件，在具体施工项目中会细述或穿插提出对“人”的具体要求和条件。而对于“机”“环”“管”各环节则将分别融入具体的作业环节中加以陈述。

1.5.1 本质安全第一个要点就是管好“人”

风电场基建施工基本上属于建筑类的工业厂房施工，其特点是施工队伍技术人员和正式员工占比较少，临聘、零工和散工较多，管理相对松散。由此，在风电场基建施工的实际操作中，基建施工单位普遍存在人员配备不齐、人员素质较差等问题；作为总承包方的乙方管理方式又以分包为多，往往存在着对分包商的管理不够严格等问题。所以，不可回避的现实是分包商的人员素质较差，有时甚至会出现现场作业人员严重不足的现象（如麦收时，施工人员流失严重），严重影响了工程的进度和质量，也给风电场基建施工的安全带来较大的影响。因此，在风电场基建阶段，管好“人”成为满足本质安全的第一个要点。

面对如此人员结构，业主单位在清楚地掌握基本情况后，必然会对总承包商提出严格的要求，总承包商也面临着严峻的考验，而对于参与基建施工的人员的基本要求就显得特别重要。

目前风电场建设主要以交钥匙 Engineering Procurement Construction（EPC）形式出现，即设计—采购—施工（交钥匙），甲方为风电场业主，乙方为风电场基建总承包单位，其中以风电设计单位作为总承包单位为多。然后，再由总承包单位为牵头单位，遴选具体参与风电基建各阶段的各分包单位。除作为总承包单位的风电场设计单位以外，分包单位中通常有设备生产单位、基建施工单位、安装调试单位及监理公司等共同参与风电场基建工作。

1.5.2 基建总承包商必须具备的基本资质

风电场基建总承包商一般都具有国家电力工程一级总承包资质。国家规定中对一级施工承包商的企业人员要求如下：

（1）机电专业一级注册建造师，不少于 50 人。

（2）技术负责人具有 10 年以上从事工程施工技术管理工作经历，且具有电力工程相关专业高级职称，同时还应有电力工程相关专业中级以上职称人员不少于 60 人。

（3）持有岗位证书的施工管理人员不少于 50 人，且要求施工员、质量员、安全员、造价员、资料员等人员齐全。

（4）经考核或培训合格的中级工以上技术工人不少于 150 人。

同时，国家也对二级、三级资质承包商的人员资质做了明确的规定，区别仅仅在于较一级资质要求放松许多，门槛的放低也使二级、三级资质承包商在承揽工程方面要逐级弱于高等级承包商。

不论怎样，从国家对各级承包商的资质要求中可以清楚地看到，国家对于承包商的人员资质要求严格。只要坚决执行国家规定，并严格执行安全生产的相关规程规范，风电场基建阶段的安全生产是有保障的，重要的是如何把国家的规定落实在实际的工程施工中。

1.5.3 基建阶段作业人员必须具备的基本条件和素质

从本质安全管理的基本理念出发，员工的身体状况、心理素养、知识程度、技能水平等要素是企业良性运转的最基本条件。风电场业主单位应在与乙方总承包商签订的项目合同中明确提出对总承包商及分包商人员素质的相应要求，并在实际的日常监管上进行考核，以此作为确保风电场基建阶段安全生产的基本保证。

风电场基建阶段中任何项目的施工作业人员都不是孤立的，都必须具备较好的团队精神，作业人员的技能水平应能够满足操作维护设备及作业施工的基本要求，人员的身体状况应能适应所处的作业环境。

风电场基建阶段的作业特点和设备、环境的特殊性决定了参与人员必须具备相应的基本条件和素质。

（1）风电场基建施工作业参与人员的基本身体条件如下：

1）所有参与人员须年满 18 周岁（对某些作业还应有特别的规定，如登高作业，还应规定超过 55 周岁者不得参与），且未超过国家法定退休年龄。

2）经县级及以上医疗机构鉴定，无妨碍从事风电基建全过程作业的器质性心脏病、癫痫病、美尼尔氏症、眩晕症、癔病、震颤麻痹症、精神病、痴呆症、贫血症以及其他影响风电作业的疾病和生理缺陷。

3）女性或长发作业人员必须把头发扎进工作帽中，不得有长发留于帽外，现场作业人员不允许佩戴耳环、项链、围巾等有可能导致事故发生的任何违规装束。

（2）参与人员需具备基本的综合知识、安全常识以及风电专业知识、基建施工与安装调试的基本技能技巧。

1）风电场基建阶段的安全工作尤其必须坚持严格遵守 DL 5009.1—2014《电力建设安全工作规程 第1部分：火力发电》、DL 5009.2—2013《电力建设安全工作规程 第2部分：电力电缆》、DL/T 5434—2009《电力建设工程监理规范》等标准的规定。具体到某一个风电场，应该要求所有风电场基建施工作业参与人员（包括业主单位现场人员、施工单位人员、设备生产单位人员、风场设计人员、工程监理人员等）都须依照安全工作规程、规范开展各级的工作。在此基础上，对照各阶段的作业指导书及相关技术文件，做好安全防护组织措施和技术措施，使整个工作始终在安全的环境下进行。

2）风电场基建施工作业参与人员还应严格遵守各单位围绕国家规程规范、结合单位具体情况编制的各种安全生产的规章制度。熟悉业主单位的相关安全要求和本单位的安全要求，尤其应熟悉并掌握本项目的安全要求和具体参与作业项目或内容的安全要求，掌握作业指导书明确的各项安全组织措施和安全技术措施等。

3）依据参与基建作业项目与工程内容的不同，具备与之相对应的必要的作业技能和安全知识。

必须具备基建施工中现场使用的相关机械、电气设备设施的基本知识、技能技巧和安全防范要求。

根据参与项目与内容的不同，掌握风机各部分安装的要点技能，了解安装过程中可能存在的危险与防范措施，掌握风机安装就绪后各系统调试与统调的要点和技巧，调试过程中规避风险和事故的措施与技能，掌握判断设备一般故障的产生原因及处理方法。

所有参与基建阶段施工作业的人员都必须接受较为系统的安全知识与技能的培训，了解和掌握国家规定的安全生产技术理论知识与安全防范技巧技能，通过由业主单位或由业主单位联合总承包商组织的安全资格考试并取得合格证书方才具备基本的参与资格。

同时，对具体的参与项目与内容还应参加所要求的对应考试，并考试合格。要能正确、熟练地使用风电场基建阶段对应的工具、安全工器具及安全防护用具。所有参与高处作业人员须具备必要的安全生产知识，学会和掌握包括心肺复苏法、触电急救方法、高空坠落救援法等现场应急抢救知识和技能。根据不同作业项目与内容，必须掌握和正确使用消防器材和灭火方法。

4）精神状态良好，逻辑判断能力清晰，安全知识与意识较为强烈，安全技能达到一定程度，富有团队协作精神等。

5）具备风电场基建施工作业规定的其他必要条件。风电场基建工程承包企业也可根据自身行业特点和所在单位（包括上级单位）相关要求，组织相关培训并进行考试，向考试合格的人员授予相关证书，并以此作为参与风电场基建工程作业的重要参考文件之一。

（3）风电场基建施工作业人员必须持证上岗。

1）风电场基建施工中要求管理岗位上的持证人员与建筑施工中的管理岗位“八大员”（施工员、安全员、材料员、资料员、质量员、标准员、机械员、劳务员）持证要求相同，资质审查时，应特别注意持证人所持证件的等级、内容等细节，按照风电施工要求采信证件与人员资质。安装、调试人员也应根据业主单位和总承包商的要求提供对应的资质证明。

2）某些特殊作业岗位、特种作业和作业位置必须持对应上岗证件上岗，比如电工、架子（模板）工、塔吊司机、叉车司机、场内机动车驾驶员、起重吊装人员、电焊人员、食堂炊事员、高处作业等。对于这些特殊作业岗位人员的要求应该较一般人员条件要求更高一些，除必要的安全要求之外，还应对这一类人员提出其专业知识与技能的相应要求和标准。持特殊作业岗位和作业位置持证上岗的人员资质证书要认真甄别，关注等级及涉及的允许内容，从资质上就要严格把关，以保证安全生产。

3）建议并鼓励各参与风电场基建施工作业的单位建立、健全执业人员就业健康档案、职业培训档案、人员资质档案、安全技术管理档案、特种作业人员资质档案等管理台账。

（4）强化风电场基建施工作业人员的安全教育。

1）鉴于风电场基建施工作业参与人员的客观实际，业主单位和总承包商都应该较为突出地强调对分包商和实际现场作业人员必须进行三级安全教育，有目标地、定期地进行专业培训和轮训，开展定期的安全教育，不断提高基建施工作业参与人员的安全防范意识和安全保护技能。

2）专业培训应以各工种为中心，结合土建、安装、调试现场的具体情况和项目内容，突出实用性，目的是保证土建工程和设备安装、调试作业能按质按量地完成，既提高了员工的技术技能，又为风电场日后的投运、维护等工作奠定了较好的基础。培训的方式可以是理论培训，也可以是实操培训，也可以是理论与实训相结合。形式与内容应该呈多样化，切忌单一与刻板。

3）安全是电力行业基本的生产活动宗旨与前提。多年来，电力行业依仗突出“安全”，使全行业的生产事故率始终处于全工业系统的底部，也为全社会所称道与认可。而在这个成绩的背后是全行业就安全及与之相关涉及人身、设备、装置等的具体的一系列“人—机”对象做了大量的工作，已经形成了良好的企业文化中安全文化内容。因此，安全教育活动是十分重要的，也是电力系统的优良传统之一。在风电行业同样需要这样的优良传统，业主单位应该要求总承包商和各分包商单位都形成安全先行的制度，传承传统，使“安全”这根弦时时牢牢紧绷。同时，应该清楚地认识到风电场基建施工作业中大量存在总体知识水平、技能技巧、素质素养等较差或较低的作业人员，因此，在风电场基建施工队伍中，应坚持从安全文化上入手，让安全教育不仅仅是在形式上，更多地要求在实践中通过反复实操训练，不断提高这一类人员的水平，以保证风电场基建项目的建设质量和风电场基建职业队伍的日臻成熟。

4）风电场基建阶段作业涉及的项目和内容很多，培训的要求也是较高的，技术技能培训应该由各具体承揽风电基建作业任务的承包商来编制计划并安排时间进行培训。结合风电场基建阶段的实际情况，各承包单位还应进行包括紧急救援、触电抢救、现场伤害临时性急救包扎、消防灭火、高空逃生等安全技能方面的培训。这些培训内容是针对风电场基建阶段作业过程中可能出现的事件或事故设置的，有较强的实用性。工程单位在承揽其他工程项目中，此类事故不一定能出现，但是在风电场基建工程中，由于工程的特殊性，因此就必须要求一线作业人员具备这类必要的相关安全技能技术，以提高素质，避免或减小事件或事故的危害程度，把损失降到最低。

5）风电场甲方业主单位应该要求乙方单位重视风电行业（不论是本系统的还是外系统的，或者其他单位的）的不安全事件或各类事故案例，并对之加以剖析，总结经验，举一反三，吸取教训，不断提高和提升基建现场人员的安全意识，牢牢把住基建施工的安全关卡。应该明确，作为风电场基建工程的参与者，应该努力把自己打造成终身学习型人才，这既是人生职业生涯的基本要求，也是为自身和风电场基建施工作业安全生产保驾护航的可靠保障。

6）由于风电场基建施工具有的特殊工作特点和工作环境，应该明确要求必须在风电场基建作业中全方位地定位危险作业，提出相应的管理要求和人员要求，制定必备的危险作业方案和安全技术保障措施、组织措施，并由各承包商安全生产管理部门和具体负责人审批，由现场直接安全责任人和安全监察人员执行与监察，尽最大努力、能力与方法将不安全因素排除在现场施工之外。编制的危险环境作业方案和安全技术保障措施、组织措施应该在风电场业主单位报备，并由业主单位传达至业主单位现场安全负责人和现场安全监察，以有利于加强现场安全监察。

7）严禁没有作业许可、相应资质及作业上岗证的人员进场作业。业主和承包商的安全监察部门必须严格执行相关规定，加强对作业人员资质的审查、监督和管理，从入门上就严格把关，为风电场基建安全施工打好基础。

下面，本书在将风电场基建阶段各施工项目与任务分解的情况下，从对危险点、危险源认识、分析、辨识的基础上，提出风电场基建阶段安全作业的基本方法；并且，在保证安全的组织措施与技术措施中，着重突出安全防护方法以及相应防护工器具的应用等。

2 风电场土建施工

风电场项目立项并经一系列施工前准备流程后即进入正式开工建设阶段，首先进行的就是风电场的土建施工工作。

风电场土建施工过程主要分 3 个部分：一是风电场现场道路施工及风机场坪平整、风机基础施工等；二是集电线路施工（包括各风机电能经升压箱变升压后输送到升压站的线路和升压站将输送到升压站的各风机电能经集电、升压后输送到电网指定变电站的输送线路）等；三是风电场升压站的建造，包括主控室厂房建设，主变压器基础施工，室外 GIS 构架施工和断路器、隔离开关、接地刀闸、TA、TV、避雷器、母线等的构架施工，无功补偿室施工，消防水池施工，电缆沟槽施工，以及日常生活区和办公室的施工等。

随着风电技术的不断发展，目前新建的升压站有些已经过优化设计，设备布设密集、简化。如：有些升压站的消防水池已经被大容量的消防推车和一定配置的各类灭火器所替代；值班控制室以少人值守方式设计，为无人值守打基础；生活区也暂设在附近居民区，而不设在升压站内（生活区、工作区分置）。对于这种充分利用现代科学技术提高风电场运行水平的方法应该给予肯定。本书基于为多数风电场现场服务的出发点，仍以常见的风电场升压站布设方式进行阐述。

由于风电场升压站建造和集电线路架设的施工项目、风险与危险源的分析辨识、安全与防范要求等和变电站建设施工、电网线路架设基本上相似，可以利用和参考已有的变电站基建施工风险、危险源分析辨识和安全防范要求，再结合风电场基建作业特点，经过一定整合和修改，提出具体的符合风电场现场实际的安全防范要求和管理文件，故本书试图侧重阐述风电场风机的基础施工，兼顾阐述升压站和集电线路建造。

通常应在风电场及风机基础施工现场设置明显标识，提醒所有现场人员必须遵守的安全基本要求，诸如安全告示牌、着装镜面自检等，营造一个步入风电场各作业现场就进入了一个浓浓的安全防范的氛围，从制度上保证本质安全的落实。施工现场入口处设置统一的“五牌一图”（工程概况牌、管理人员名单及监督电话牌、消防保卫牌、安全生产牌、文明和环保制度牌、施工现场平面图），风机基础施工现场标识设置示例如图 2–1 所示。施工现场办公室应在醒目位置悬挂安全、质量、消防保卫、场容卫生环保等制度牌。

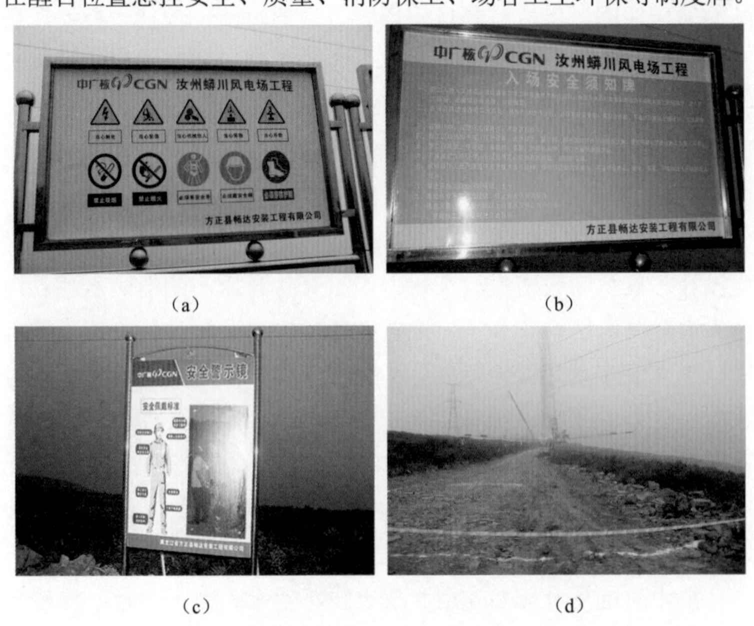

（a）　　（b）

（c）　　（d）

图 2–1　风机基础施工现场标识设置示例

（a）安全标识；（b）入场安全须知；（c）安全警示镜；（d）施工边界警示带

2.1 风电场风机基础施工的安全要求

2.1.1 风机基础施工辅助作业项目的安全要求

风电场土建施工的主要作业是风机基础施工，围绕基础施工与设备进场等作业，土建施工的通常辅助作业项目包括进场道路修筑以及施工料场、构件加工区、临时生活区的布设等。

2.1.1.1 进场道路修筑

风电场正式开工作业的第一项就是进场道路施工。风电场通常建造在山区、滩涂、海上等，陆上风电场建造在山区的居多，滩涂风电场主要集中在东南沿海和少部分华南沿海地区。

由于目前我国的风电场一般地处偏远山区，因此进场道路修筑就成为风电场全面建设的重要基础。

（1）山区建造风电项目虽然尽可能遴选在交通相对便利的区域，但是一般没有现成的道路。即使原来有进场道路，由于风机主要吊装车辆一般都为400～600t级，加上风机主设备属于超长、超重、超限的重特大设备，因此也必须对原有道路进行彻底改造，以确保重载设备车辆能够进入建设现场。通常，风电场风机的单机容量较小，目前以1.5MW为主力机型，现在已经有向2MW及以上容量作为主力机型发展的趋势（风电场采用几种不同容量（如1.5MW和2MW等）的风机进行混合式搭配，来满足立项规定的风电场装机容量）。已投运风电场最多见到的是 49.5MW 为一个风电场单元，基本上为33×1.5=49.5（MW）形式。一个风电场通常有几十基风机塔架，经箱变将风力发电机组发出的 620V（或690V）升压至 35kV，再经集电线路输送到升压站，由升压站升压到110kV（或220kV）后输送到公共电网系统。因此，一个风电场的多个风机塔架的竖立、建造都需要修筑道路。

在山区，从已有公路到升压站、风塔通常都要开山筑路。一般来说，开山筑路的路面一边是开辟的山路，一边是填筑山坡而成的山路，这种路基的最大特点是一边为坚实路基（硬路基），一边为软路基，如果处理不好，极易造成进出现场车辆侧倾甚至翻车的严重交通安全事故。施工时，必须严格按照设计要求进行，遇有不可预测的问题应立即向施工监理和设计部门提出，在收到经相关部门与负责人确认并签字的施工修改通知文件后，再进行下一步施工。

由于风机主设备大多超长、超限、超重，因此，在筑路设计时，在注意载荷问题的同时，还要充分考虑道路的平直度和宽度。同时，对沿线公路必须进行踏勘，凡有不能满足设备进场条件的，也必须进行必要的改道、加宽等处理。否则，设备将无法进场。一般情况下，道路工程由设备单位或总承包单位负责处理，但业主单位必须介入其中，了解和掌握具体情况，以保证设备的运输安全。筑路施工时，必须按照设计要求的技术条件和参数进行，不得擅自更改或不遵照设计施工。

在山区筑路时，还必须注重路肩边坡的加固处理，构筑必要的挡护墙，在沿路安装设置带有发光条的路基标，并根据道路情况在必要路段设置路标，提示司驾人员注意弯道、陡坡等道路变化情况，保证各类车辆的行驶安全。

（2）滩涂筑路也是较为复杂的。一般风电场在滩涂上建造都是先回填，做实场地基础，然后再进行升压站、风机基础、输电线路的土建施工。滩涂回填及基础做实工程本书未具体涉及。

（3）海上风电场的基建施工较为复杂，很多地方与海上石油钻井平台相似，道路不是其考虑的范围。本书未具体涉及。

（4）筑路施工一般由机械和人工配合施工方法来完成。少数可能还要进行一些小的爆破开山等作业。一般机械筑路设备形体较大，自身荷重较高，现场施工前，必须对设备进行认真的检查，保证设备的完好性、安全性，尤其是诸如刹车装置一类的关键部件，事先必须经过试用来验证部件、装置的完好性。应明确规定，仅允许完好、可靠、安全的设备在现场参与作业。如有设备在作业过程中发生故障，则必须立即停止作业，撤出现场，进行检修。只有在检修完好后，才允许返场继续作业。

筑路施工往往是多台设备同时进行，因此，必须按照作业指导书的规定，各自在规定的区域进行作业，相互之间做好协调工作，防止作业过程中设备与设备之间发生事故。

如果筑路施工现场环境条件较差，应先清理包括障碍物一类对施工有较大影响的物件，保证筑路施工现场具备施工的基本条件。如果现场天气恶劣，必须停止施工，根据实际情况决定是否临时撤离现场。

筑路施工过程中，要特别注意筑路基础的变化。在山区，尤其应对山体坍塌、滑坡、泥石流、滚石等严重地质灾害提高戒备与警惕。一旦发生此类灾害，必须立即停止作业，撤离现场人员，待项目经理部弄清情况并彻底处理后，再返回现场进行施工。

作业前，应向参与筑路施工的现场人员进行技术交底和安全交底，可以根据实际必要时采取签署书面文件形式保证交底工作的完成质量，以此保证筑路施工中有较好的“人—机”环境。

现场司驾人员必须身穿工装，工装必须系好纽扣或拉好拉链、系好袖扣。进入驾驶室前必须佩戴安全帽，但允许进入驾驶室后暂时性摘除，一旦离开驾驶室必须重新佩戴。佩戴工作手套，以有防滑耐磨功能的为佳。配穿防滑耐磨耐油工作鞋。由于作业基本上在野外，允许司驾人员根据各自情况自行决定是否佩戴防日晒防紫外线的护目镜。应该根据机械设备的噪声情况决定是否佩戴耳部防护装具。应该根据现场实际情况决定司驾人员是否配备通信器材，如需配备，必须保证通信器材完好，通信畅通。所有司驾人员必须具备资质证书并在项目经理部备案。

现场配合机械作业的人员必须佩戴安全帽。必须身穿工装，工装必须系好纽扣或拉好拉链、系好袖扣。佩戴工作手套。配穿防滑耐磨工作鞋。允许根据各人情况和环境条件佩戴防日晒防紫外线的护目镜。根据现场噪声情况决定是否佩戴耳部防护装具。一般筑路现场扬尘较多，现场负责人应根据现场情况决定要求作业人员佩戴防尘口罩与否。

应该明确规定，筑路作业中如遇需开山爆破时，现场人员必须佩戴防尘口罩、防护耳罩及密闭式防击打护目镜。

现场业主单位人员和监理人员应和配合作业人员一样，采取相同的防护措施。

2.1.1.2 施工料场、构件加工区、临时生活区的布设

在风电场基础工程开始施工之前，应事先编制基础工程施工组织方案。通常方案中需包括：施工进度表；施工准备、进场、临时性建筑及测量放线；基坑土石方开挖施工；基坑垫层混凝土材施工；基坑模板施工；基坑钢筋施工；基础环与预埋件安装施工；接地网施工；基础混凝土材浇筑施工；土方回填施工；零星项目、撤场环保处理等。

风电场基础工程施工之前要有计划地进行现场划区，这是文明施工的前提。一般直接涉及的区域为施工料场与构件加工区的布设，其重点在布设的合理性和区域划分的清晰性。

（1）施工料场布设。

对于任何一个风电场的风机施工现场，不论是风机基建施工区域，还是基建施工辅助区域，都必须进行合理的区域划分。风电场施工料场布设一般分两部分：一是各类设备的待装暂存区，用于临时存放设备、电缆等，一般布设在升压站所在地附近，便于管理；二是风机施工现场料场，主要是存放待装设备及现场施工所需材料，距风机施工现场较近。由于一般风电场有若干风塔，相互之间相隔较近，因此，多数风电场采用几台风机（风塔）共用一个料场的布设格局，以节约土地征用经费，但也有少数风电场采用分散式布设。

在整个基建过程中，风机施工区域划分会随着工程进度的变

化而变化。土建施工期间，风机施工区域主要划分为：风机基础作业区，模板等支撑器具暂存区，成形钢筋钢材暂存区，混凝土材浇筑区，施工车辆作业区，作业人员通道等。风机安装期间，大量的风机设备由设在风电场升压站附近的风机设备集中临时堆放场运输进入风机基础施工区域，这时的风机施工区域应该调整为基础区域、设备存放区域、叶轮组装区域、施工车辆作业与停放区域等。而在设备调试期间，主要风机设备已经安装完毕，施工区域主要划分为风机的调试设备区与施工车辆作业与停放区等。

施工料场区域布设较为简单，重在合理和有序。区域内车辆的出入通道及安全管理、料场物料堆放的方式方法等应有具体的规定，防止物料坍塌引发伤害事故或造成设备损坏等。

料场布设时，须充分考虑并建有诸如消防、排水沟道等必备设施，防止由于布设不完整而造成存放物料的损坏或引发事故。

料场进出须建立管理制度，账目清晰，管理人员责任明确。工作时，应明确各作业人员的作业内容。如在料场内动用机械装卸设备或物件时，应制定作业方案，重要的内容之一就是要注重作业的安全，包括防止由于误碰误触设备或堆料而引发的设备损坏或物料坍塌事故等。

风机基建施工的料场与构件加工区一般不设在基建施工的现场，而是设在距风机现场很近的另一处临时场地。这样的布设可以避免交叉作业引发的人身伤害事故，也可避免诸如电焊、气割等动火作业可能引发的火灾危险，实行动火集中作业，便于保证安全生产，又由于分设的作业现场与风机基础施工地点很近，不会增加过多的施工作业负担。基建施工的料场一般也和风机基建现场分设，主要是考虑到料场占地面积会较大，而风机基础施工场地较小，临时性租用场地即可便于施工，同时也能用较小的费用支出来保证和满足现场施工的需要。

由于风机基建施工需使用大量的基建施工材料，因此需要合理布设料场，且料场内部有明确的划分，使基建用的各种材料堆放得井然有序。

设备或物料堆放时必须考虑堆放场地的环境情况，严禁高堆物件，风机设备或部件必须放置稳妥，并用斜楔木枕卡死，防止大风吹刮造成设备、部件移位而被损坏。必要时，允许用苫布等材料遮盖。有的物料可以用绳索、金属丝等材料加以固定，以避免坍塌等意外事故的发生。

施工料场是一个重要的临时性仓库，为保证运抵的设备、部件的完好性，应设有专人看护，建有详细的记录台账。

在物料场内作业，现场人员必须佩戴安全帽，配穿工装，工装必须系好纽扣或拉好拉链、系好袖扣。佩戴工作手套。配穿防冲击工作鞋。允许根据各人情况和环境条件佩戴防日晒防紫外线的护目镜。

（2）构件加工区布设。

构件加工区是风电场基建施工中重要的作业区域，主要为风机基础施工中材料的预加工提供场所，比如塔架基坑钢筋的加工等。

一般来说，构件加工区不布设在风机基础施工的现场，而是布设在风电场升压站或风机布设相对较为集中的某个风机基础附近，以便对该风电场基建阶段所有所需基础材料进行集中加工作业。

构件加工区内主要应有钢筋加工区、板材加工区、焊接（割）区等。

构件加工区的划分应有明确的界限，必要时可以用隔离板等加以隔离，以保证各区域的作业安全。图 2–2 为标准化的钢筋材料加工棚。

图 2–2　标准化钢筋材料加工棚

1）钢筋配制与加工。

钢筋配制加工是集中在构件加工区的钢筋加工场进行的。钢筋配制加工就是将钢筋按照基础施工（包括基坑施工、集电线路施工以及升压站厂房和设备构架的施工等）的要求加工成一定的形状和长度，为现场搭建钢筋骨架提供基本条件。

加工过程中，作业人员需要使用必要的工具，利用特定的加工模具、按照设计要求对钢筋进行加工，因此，正确使用加工工具和加工模具、作业人员之间协调配合是避免钢筋加工过程中各类事故的基本要求。

钢筋具有一定重量，操作不当会发生磕碰、击打等伤害；钢筋加工工具和加工模具使用不当可能发生工具或模具击打、挤压人员手、臂，或因工具、模具跌落伤及人员脚、腿部；钢筋加工过程中，如需多人配合的，可能因配合协调失误而引发事故等；钢筋较为粗糙，搬运、加工不当也可能对人员产生挫损伤害；钢筋加工可能有切断作业，此类作业一般都是通过使用砂轮切割机等切割设备来完成，作业过程中可能发生砂轮飞车、砂轮破碎飞溅等设备事故而引发人身伤害等。因此，针对诸多危险，必须事先编制加工作业指导书，制定较为完善的安全防范的组织措施和技术措施，提出现场应急情况的处置预案，以保证钢筋加工的作业安全。

凡是用到电动工具的，不论工具大小，必须严格按照规定，实行“一机、一闸、一漏、一箱”制度（指对于现场使用的每台设备，都必须坚持一台设备配有专门的刀闸、配有专门的漏电保护器、配有专用的接线端子箱，以便在发生因电引发的事故时，能有效地保证现场作业人员的人身安全），从源头上保证电动工具的使用安全。

使用砂轮机前，必须认真进行检查，特别需要认真检查砂轮机的牵引电缆、砂轮机的开关与保护、砂轮机砂轮保护等重要部位的可用情况，一旦发现有异常，就必须严格执行设备不得“带病”作业的规定，坚决停止使用，更换新机。

钢筋配制加工必须设有加工平台。加工用模具必须固定牢靠，要防止模具加工过程中意外飞出伤及作业人员。

由于砂轮在破碎飞出时轨迹的无规律性，在进行砂轮切割作业时，仅允许操作手一人作业，辅助人员必须远离切割现场，以防止砂轮破碎飞出伤害到现场人员。

钢筋配制加工人员必须佩戴安全帽，身穿工装，系好纽扣或拉好拉链，扣好袖扣，佩穿耐磨防冲击工作鞋，必须戴耐磨防冲击工作手套，必须佩戴防击打护目镜，允许根据具体作业内容和环境佩戴防尘口罩，但砂轮机操作手必须佩戴防尘口罩。使用电动工具、砂轮机及大型工具作业时，不得佩戴手套，小型电动工具一般应佩戴绝缘手套。使用前须认真检查工具的完好性，尤其是电缆不得有接头，绝缘护套不得开裂，电缆不得采用缠绕等方式接电，必须采用螺母压扣的方式可靠连接，电缆不得有任何破损，必须使用电缆线盘放线，工具开关必须有保护罩等安全防护。砂轮机的砂轮安全防护罩必须完整，如有缺损，必须立即进行更换。

使用电动工具、砂轮机及大型工具等必须事先经过使用培训和安全基本知识教育，取得施工单位劳动安全或培训部门的认可。

2）板材加工。

构件加工区还有少量的木材加工作业。通常，木材加工普遍使用的是电锯一类的电动加工工具，作业时，必须做好安全防护工作。电锯必须有遮挡护板和木屑飞尘回收装置，电锯皮带必须有防护罩。电锯开关依据“一机、一闸、一漏、一箱”的临时用电原则处理，做好安全用电，防止漏电、触电事故的发生。

由于板材加工区的作业对象就是易燃的木材，且大量堆积，因此，板材加工区必须配置足够的消防安全器材，加工人员必须熟悉掌握灭火的基本技能。

板材加工区必须用阻燃的隔板将加工区域和其他区域隔离开来，同时在隔离区域外间隔一定距离悬挂防火安全警示标识，严把消防安全关。

板材加工区的电锯加工场地应搭建棚架，防止雨雪直接淋洒在电锯设备上，导致设备故障或漏电伤人。

加工区内的板材须有序堆放，堆放方法和高度事先应明确规定，防止堆放不当或堆放过高引发板材坍塌伤人。

现场作业的人员应具备较强的安全防护和个人保护意识，防止电锯作业伤人引发事故。现场作业人员必须佩戴安全帽，身穿工装，系好纽扣或拉好拉链，扣好袖扣，配穿耐磨防冲击工作鞋（最好配穿耐磨防冲击绝缘工作鞋），佩戴手套作业，必须佩戴防冲击护目镜，佩戴耳部防护装具，提倡佩戴防尘口罩。长发人员必须将长发全部塞进工作帽中，再在工作帽外加戴安全帽，防止电锯及电锯皮带绞缠头发引发事故。应突出强调的是，操作电锯进行木材加工时严禁戴手套，必须佩戴防尘口罩和耳部防护装具。

由于在重复使用的板材上会遗留有铁钉一类的物件可能伤及作业人员，因此加工时尤其要注意，如果发现待加工板材上有铁钉，务必先行拔除，再进行加工。另外，板材上的铁钉可能造成电锯飞车，轻则造成电锯损坏，构成设备事故，重则可能因电锯飞车而引发人身伤害事故。

使用电锯作业，必须事先经过使用培训和安全基本知识教育，取得施工单位劳动安全或培训部门的认可。

3）使用小型手动电动工具进行加工。

构件加工区有时还会用到一些手动式电动工具，这些工具也和电锯一样具有一定的危险性，必须认真加以防范，采取必要的安全防护措施，防止由于种种原因引发安全事故。

所有小型手动电动工具必须满足依据“一机、一闸、一漏、一箱”的临时用电规定，设置专用电源，做好安全用电，防止漏电、触电事故的发生。小型手动电动工具使用前包括工具本身，以及电缆（电缆的要求同前述）、开关保护等都必须认真检查，保证工具的完好性和可靠性，不得“带病”作业。

使用转动电动工具时，除了设备本身要有齐备的安全防护装置外，作业人员安全防护器具的配备与正确使用也是必不可少的。可以以公司管理文件的形式作出规定：使用转动电动工具的人员必须经过公司人事技能培训部门的专业培训并记录在案，方可允许上岗。使用转动电动工具作业时，严禁戴手套。工装的衣扣、袖扣、拉练等必须扣好、拉紧，防止因转动工具绞缠而引发事故。长发人员必须将长发全部塞进工作帽中，再在工作帽外加戴安全帽，防止电动工具绞缠头发引发事故。作业人员必须佩戴安全防护目镜，一般目镜不具有防冲击功能，应该根据实际作业内容佩戴具有对应功能或多功能的防护目镜，以有效保护作业人员的眼睛、脸部免受伤害。根据作业所使用具体工具的情况，一般手动电动工具作业时的噪声较高，且作业人员需手提工具进行作业，这就使得作业人员近距离遭受强噪声污染，因此必须佩戴耳部防护装具。应根据现场实际情况来决定是否使用防尘口罩等口、鼻部位的防护装具等。施工单位和风电场应根据规定，抓好落实与执行。

4）焊接（割）加工。

① 焊接（割）加工区的安全要求。焊接（割）加工区的作业主要是对钢筋进行焊接（割）加工，主要通过电焊和气焊（割）来完成。钢筋加工过程中，需要根据设计要求对部分钢筋进行对接焊，相关作业人员的资质、焊接场地的布设、焊接设备的安全防护等都必须严格按照安全作业规范执行，既要保证焊接作业现场的设备安全，更要保证焊接作业人员的人身安全。

风机基础大量使用经焊接加工的钢筋，所有经焊接加工的钢筋必须达到和满足 JGJ 18—2012《钢筋焊接及验收规程》的技术要求。

a. 焊接作业有一定的危险性，是一个特殊作业工种，必须由具备焊接专业资质的人员进行操作。不具备焊接资质的人员擅自作业极易引发事故，因此，必须严禁无焊接资质人员违章作业。施工单位安全管理部门必须坚持验证制度，查验无误并建立作业许可备案后，方可允许持证人员就位作业。

焊接作业人员必须配穿配用整套的个人防护用品（PPE），包括阻燃防护服、对应焊接品种的防护目镜、防冲击耐磨防滑绝缘鞋、绝缘焊接手套、防护面罩（现在有带防护目镜的防护面罩，但选用时应注意选用对应焊接品种的带防护目镜的面罩）、焊接专用阻燃鞋盖等。所有配合焊接作业人员的防护装备应与焊接人员基本相同。

b. 对于电焊作业使用的电焊机，必须严格按照规定执行独立电源供电，并保证电焊机机体上下电极无油污。电焊机与电源的连接必须使用带屏蔽的多芯软电缆，通过接线柱线鼻压扣方式连接，拧紧压扣螺栓，保证连接可靠，严禁通过缠绕或搭接等错误方式进行连接，以避免造成接触不良引起的火花过热现象，构成事故隐患；并且，电缆不允许有接头，严禁使用用绝缘胶布缠裹的破损电缆。连接电焊机的焊接电缆一旦发现有破损、绝缘橡胶护套开裂等现象，必须立即更换新电缆。电缆中心线必须可靠接地，以有效防止人员触电。电缆在跨越道路或其他障碍物时，提倡使用架空架设的方式；如现场条件不允许，那么电缆必须采用加装防护套穿管等保护措施，且穿管不可与其他导线等线材同管穿用。

电焊机的外壳必须可靠接地，不得用缠绕、搭接等方式接地，或用金属管、扁钢条等搭接接地，以防止引发触电事故或火灾。露天使用电焊机时，必须有固定场所和防雨防潮等安全措施。电焊机作业现场必须配置符合安全使用电焊机要求的在有效期内的灭火器材；焊接作业应设置焊接平台。

焊接作业前，须检查：电焊机的焊钳绝缘，应保证其绝缘良好；焊条夹持须紧固，焊机与电缆线连接可靠，保证焊钳无异常；电缆线与焊机连接用线鼻连接压实，无缠绕、搭接，接线柱上方应有牢固完整的防护罩。严格按照电焊机设备上标明的荷载进行使用，以避免超载造成电焊机损坏而引发触电事故。应尽可能规避在潮湿条件下进行焊接作业，如确需作业，则必须采取对应的措施，保证电焊作业在干燥环境下进行。

气焊（割）同样易发生火灾、爆炸等事故，具有一定的危险性，常用的气焊（割）用气体容器为氧气瓶和乙炔气瓶，都是有压容器。因此，正确地选用和使用气焊（割）的设备与器具是保证安全生产的前提。

c. 焊接（割）加工区必须划分出电焊区和气焊区。用电符合JGJ 46—2005《施工现场临时用电安全技术规范》要求，做到“一机、一闸、一漏、一箱”制度化，保证用电安全。

另外，由于焊接作业的特殊性，焊接或切割场地的设备、工具、材料须排列整齐，不得乱堆乱放。必须保留必要的通道，车辆通道宽度不得小于 3m，人行道不得小于 1.5m。严格按照电焊与气割作业的区域划分堆放器材，即使在临时堆放器材的区域，所有气焊胶管、焊接电缆也不得相互缠绕或混杂堆放。作业场地的各种气瓶不得随意横放或侧倾放置，必须直立竖放，气瓶使用后必须移出作业场地。焊接的现场作业场地不得小于 $4m^2$，场地须干燥，并有良好的自然采光或足够的局部照明。焊接场地周围10m 范围内不得有任何易燃易爆物品，如确实无法清除干净的，则须采取有效的安全措施，例如采用用水喷湿，并用防火盖板或湿麻袋、石棉布覆盖等，而且必须每天坚持进行安全检查。多点焊接作业或与其他工种混合作业时，各工位须加设防护屏加以隔离，并采取和完善其他必要的预防保护措施，以防相互干扰引发事故。特别需要强调的是，焊接（割）加工区消防器材及其他消防手段的配备必须到位，急救卫生包必须配置齐全。

焊接（割）加工区是一个特殊加工区域，具有发生火灾、爆炸等的高风险，必须特别突出对作业区域的防火防爆措施，必须用阻燃的隔板将加工区域和其他区域隔离开来，非电焊和气焊（割）作业参与人员不得进入，且必须远离作业区域。同时，在隔离区域外间隔一定距离悬挂防火安全警示标识，严把消防安全关。构件加工区内如有易燃易爆物件或酸碱盐等，则必须使之远离焊接（割）加工区，防止由于易燃易爆气体或液态酸碱盐浓度超标时，引发火灾或爆炸事故。

建议对电焊区域架设临时棚架，防止在雨雪等天气条件下进行作业时，雨雪直接淋洒电焊机等设备而导致设备故障或漏电伤人。

② 气瓶的安全使用与存放。氧气瓶的安全使用应注意如下事项。

a. 氧气瓶必须经过严格的技术检验，检验合格的氧气瓶须在气瓶球面部分有明显的合格标识。氧气瓶在进入风电场构件加工区时必须经过认真检查，仅允许经检查合格的氧气瓶在构件加工区现场使用。严禁不合格的氧气瓶进入加工区。

b. 运输过程中（不论是由氧气厂运送时，还是在加工区搬移时），氧气瓶必须戴上瓶帽，并避免相互碰撞，绝不允许和可燃气体、油料或其他可燃物同车运输。搬运氧气瓶必须使用专用小车，并将气瓶固定牢固。严禁将氧气瓶置于地上滚动（不论瓶内有无气体）。

c. 氧气瓶在任何时候和地点都必须竖直放置，且须安放稳固，严禁横放或侧倾放置。

d. 任何时候摘取瓶帽时都仅允许使用扳手或手动旋转方式摘取，严禁用击打等方式摘取。

e. 在气瓶上安装减压器时，须先拧开瓶阀，吹尽出气口内的杂质，并轻轻地关闭阀门。安装好减压器后，必须慢慢开启阀门，严禁开启过快，以避免因开启过快而引起减压器高低压表损坏或爆炸而酿成事故。

f. 在瓶阀上安装减压器时，其与阀口连接的螺母必须拧紧，保证连接紧固，防止开启气瓶时脱落。操作时，作业人员须避开阀门出气喷出方向。

g. 严禁氧气瓶阀门、氧气减压器、焊炬、割炬、氧气胶管等粘上易燃物质或油脂等，以免引起火灾或爆炸。

h. 风电场构件加工区设施较为简陋，夏季进行气焊加工时必须将气瓶置于专用凉棚内，严禁阳光照射；冬季时，严禁气瓶接近火炉、暖气等热源，防止气瓶因受热而爆炸。

i. 冬季使用氧气瓶时应防止瓶阀冻结。如有结冰现象，仅允许使用热水或蒸汽热敷解冻，严禁采用明火炙烤，严禁敲击，以免导致瓶阀断裂而引发事故。

j. 气焊用气瓶内的氧气不得用空，残气至少须保留有0.1~0.2MPa的压力。

k. 气瓶存放地和现场使用的氧气瓶必须远离高温、明火、熔融金属飞溅物及可燃易爆物质等，距离上述物质至少不得低于10m。

l. 氧气瓶必须定期进行检查，仅允许经检查合格的氧气瓶在风电场构件加工区现场使用。

m. 一旦氧气瓶阀着火，须立即关闭阀门，停止供气，使火焰自行熄灭。如焊接作业现场附近着火，必须尽快将氧气瓶转移到安全的地方，防止氧气瓶因遭受火场高热辐射而引起氧气瓶爆炸。

乙炔气瓶的安全使用除遵循氧气瓶的安全使用要点外，还应特别注意严格遵守以下各项要求。

a. 乙炔气瓶不得遭受任何振动或撞击，以免引发爆炸。

b. 乙炔减压器与乙炔气瓶连接必须牢靠，严禁在漏气情况下使用。

c. 开启乙炔气瓶瓶阀时须动作缓慢，开启转数不得超过一周半，一般建议开启 3/4 周。

d. 乙炔气瓶表面温度须控制在 30~40℃。

e. 乙炔气瓶内乙炔气体不得用尽，残气至少须保留有 0.3MPa 以上的压力。使用过后的乙炔气瓶须将瓶阀关紧，防止漏气。

f. 乙炔气瓶瓶阀发生冻结时，严禁采用明火炙烤，必要时可用 40℃以下的温水热敷解冻。

g. 使用乙炔气瓶必须装设回火防止器，以防止回火传入乙炔瓶内引发爆炸等事故。

氧气瓶和乙炔气瓶必须分开放置。依据 GB 26164—2010《电业安全工作规程　第 1 部分：热力和机械》的规定，使用中的氧气瓶和乙炔气瓶的距离不得小于 8m，结合 GB 9448—1999《焊接与切割安全》和国家质检总局颁布的《溶解乙炔气瓶安全监察规程》的规定，氧气瓶和乙炔气瓶的放置间距不小于 10m 为宜。

氧气瓶和乙炔气瓶的放置区域和作业现场须远离热源和电气设备。

（3）临时生活区布设。

风电场临时生活区主要是为现场人员提供生活服务的临时性专用区域，一般在临时生活区活动的既有业主单位的人员，也有工程监理人员，但最主要的是现场施工单位的人员。

一般情况下，一个风电场设置一个基建施工的临时生活区，通常将此区域设置在风电场升压站附近，风机基建现场不设临时生活区。

风电场临时生活区是现场作业人员生活活动的地方。生活区包括项目经理部办公室、现场监理办公室、业主办公室、施工人员宿舍、食堂等设施。

由于风电场基建阶段现场作业人员的吃住集中在临时生活区，因此，把好食品卫生关是临时生活区安全工作的重点。首先，食堂炊事人员必须持有健康证明，食堂加工的饮食必须卫生，杜绝腐烂、变质或不卫生食品在餐饮中出现，以避免发生食物中毒；其次，严把饮水关口，保证现场人员的饮用水清洁、卫生，符合国家饮用水质标准，防止出现因水引起的大面积患病；再次，做好现场人员的医疗卫生保健工作，保证现场人员的身体健康，防止或避免出现流行或传染疾病在风电场出现及蔓延；第四，坚持卫生轮岗值日制，将卫生保健的基本保障由做好个人与集体卫生、环境卫生开始的基本保健指导思想落到实处，保证现场人员的健康，为顺利完成风电场的基建施工提供基本条件。

2.1.2 风机基础施工的安全要求

在完成了风电场进场道路修筑以及施工料场、构件加工区、临时生活区的布设等通常的辅助施工作业项目后，基础施工即进入实质启动阶段。

风电场风机基础的土建施工是现场施工中最重要的工程项目之一，所有风机现场的土建工作都是围绕这一中心而进行的。基坑深度根据具体风电场的地貌环境、场地地质条件、场地地下水状况、地质地震等实际情况而定，通常在 4m 左右，少数在 7～8m。

基础施工的流程如下：施工测量——表土层开挖——基坑土石方开挖——验槽——垫层混凝土浇筑——基础放线——底层模板——底层钢筋及接地极——钢筋验收——基础混凝土浇筑——混凝土养护——钢筋绑扎——基础环及预埋件安装——模板安装——混凝土二次浇筑——模板拆除及混凝土养护——接地网敷设——土方回填。本文主要涉及风电场基建阶段的安全作业，因此，着重就基坑场地平整作业、基坑土石方开挖施工、湿陷性地基处理、基坑垫层混凝土材施工、基坑模板施工、基坑钢筋施工、基础环与预埋件安装施工、接地网施工、基坑混凝土材浇筑施工及土方回填施工等项目进行阐述。

2.1.2.1 基坑场地平整作业

风机场坪的大小要依据风机安装调试的需要和征地协议的客观情况来决定。一般而言，风机场坪应在 2000m^2 左右，场地基本平整，无妨碍施工作业的障碍物。

风机场坪平整时，要注意场地边坡的防护，并留有安全边坡。应规定安全边坡距坡边不得少于 2m。

风机场坪内应依据施工需要设置分门别类的对应区域，并事先按规定配备消防器具和材料。

对于基础场地平整后的边坡，应根据风机场地情况和设计要求进行必要的边坡加固等作业。

现场吊装场地要能满足作业要求，备有足够的部件存放区域。应将危险区域进行隔离，立牌标识，并与其他作业区域留有充足的隔离带，同时设置足够多的警示牌及现场作业安全防护提示牌，比如："佩戴安全帽""手脚防护""危险警示""防重物撞击"等，作为"第二道防线"，再一次提醒现场人员注意危险并进行必要的安全防护。现场吊装场地周围应设立警戒线或以警戒围栏围圈，不得留有开口，并有专人值守，严禁非作业人员进入。

基础场地平整后，一般在场地的入口应设置告示牌，通告场地作业，严禁非工程人员进入。当基坑正式开挖后，在对基坑外 2m 间隔的地方使用安全围栏等进行围框（见图 2–3），还应设专人维护作业场地，防止非工程施工人员进入，以保证施工安全。

如在风机施工场地有动火或涉及电源的作业，须专门编制安全防护措施，并落实具体的责任人。

2.1.2.2 基坑土石方开挖施工

（1）基坑土石方开挖施工的基本安全要求。

土石方施工必须严格按照设计要求在基坑四周引出的控制点及土石方开挖施工线内施工，以保证基础施工的顺利进行。

图 2–3　基坑施工场地安全围栏

基坑开挖应采用反铲挖掘机在基坑上取土，现场挖掘机投入的数量须视风电场实际情况而定。机械开挖时，要根据要求预留一定的开挖深度，通常以预留 20～30cm 为宜，预留部分由人工清理至设计深度，以此来防止破坏和扰动原地基土。开挖出的土石方须集中、规则地堆放。这样，即有利于现场施工的交通，符合文明施工的要求；同时，又由于堆放地已经事先经过安全论证，因此可以有效防止开挖出的土石方对基坑产生压力。

在使用机械开挖基坑之前，必须对机械设备进行全面细致的检查，并经空运转验证一切正常后方可进入现场作业。机械开挖进铲不得过深，提升不得过猛、过快。在可能有输电线路的现场不得使用机械进行挖掘作业，施工机械的任何部位在任何情况下都必须与架空输电线路的最近距离保持 GB 26859—2011《电力安全工作规程　电力线路部分》规定的安全距离，并留有一定的冗余。

在人工挖掘基坑时，两人操作的间距须大于 2.5m。多台机械开挖时，挖掘机之间的间距必须大于 10m，且在挖掘机工作范围内，不允许进行任何其他作业。挖土须由上而下，逐层进行，严禁先挖坡脚或逆坡挖土。

严禁在危岩、孤石的下边或贴近未经加固的危险建筑物的下面进行土石方开挖。开挖施工须防止地面水流入基坑，以防发生边坡坍塌。

开挖基坑的周边严禁超荷载堆放物件。通常不允许在开挖基坑四周堆放弃土等物件。如确需在基坑周边堆放弃土、材料及移动施工机械等，则必须事先编制相关作业指导书，并经批准和相关负责人签字确认，再依据指导书规定的在与基坑边缘保持的最小距离以外的区域进行堆放。通常，基坑土质良好的，允许堆放在基坑边缘 1m 以外，堆放高度不得超过 1.5m。

必须坚持每日检查基坑土壁及支撑的情况，尤其是雨后。只有在确保安全的情况下，方可继续工作。

不得将弃土或其他物件堆放在基坑支撑上，不得在支撑下行走或停留。

风机基坑一般呈脸盆型，因此，基坑开挖必须严格按照设计要求进行放坡。基坑开挖时，必须随时注意土壁变化情况，一旦发现土壁有裂纹或发生部分坍塌现象，必须立即停止开挖，迅速组织对土壁进行支撑，也可根据情况进一步放坡，同时密切注意支撑的稳固及土壁的变化。如果设计无放坡开挖要求，则必须设置临时支护。各种支护必须根据基坑土质、基坑深度的具体情况，经过精密计算来确定，以保证基坑开挖及后续作业的安全。

采用多台机械同时进行基坑开挖时，必须验算边坡的稳定性。根据作业指导书的规定，挖掘机必须距离边坡保持有足够的安全距离，以防止基坑坍塌造成翻机事故。

在有支撑的基坑中使用机械挖土时，必须防止碰坏支撑。在基坑坑槽边使用机械挖土时，必须先计算支撑的强度，如有必要，还应加强支撑。

基坑开挖至坑底标高后，坑底须及时满封闭，即用水泥砂浆或混凝土对坑底进行浇筑处理，使之硬化，以达到稳定坑底及隔水的作用。满封闭后即进行基础工程施工。

土石方施工须规避雨季，如必须施工，则应事先编制对应的防范措施。

从土石方开挖的流程和技术要求上可以了解土石方开挖的主要危险在于：基坑达到一定深度后，挖掘机上下移动的安全防护尤为凸显。因此，在坡道构筑时就必须充分考虑坡道的坚实程度。如果坡道构筑未达到技术要求，当挖掘机上下移动时，就极易造成挖掘机侧倾等，引发施工事故。

基坑下挖呈脸盆型，有一定的坡度，但当基坑下挖到一定深度后，仍应对基坑边坡采取防止或避免出现塌陷的措施，并且采取对应的安全防范措施。对地质状况较差的风电场基坑进行开挖时尤其要注意此类事故的防范。

基坑残土的清理是依靠人工完成的，因此，基坑清理时现场作业人员较多，作业时需相互配合，避免清理作业过程中发生磕碰、击打损伤等人身伤害事故。同时，作业人员在上下基坑时，要遵循作业规范，防止发生上下坡道的摔跌事件或事故。施工过程中，还应采取必要的防护措施，以保证清理现场的作业安全。

基坑土石方开挖的整个过程中，应随时注意观察基坑坡边的变化，尤其是对地质状况不太理想的基坑需特别关注，防止因发生基坑滑坡、坍塌而造成安全事故。

基坑开挖完成后要经过验槽，经检验合格方可进入下一步施工。验收人员到基坑进行验槽具有和土石方开挖同样的风险，因此在对基坑进行验槽时，要随时注意基坑情况，特别要防止因基坑坍塌而造成事故。

（2）土石方开挖施工参与人员的基本条件。

基坑开挖的司驾人员必须持有有效的特种作业上岗证、驾驶证等资质证明文件，并在承包单位留有备案，服从指挥。

司驾人员在作业过程中必须佩戴安全帽（允许在驾驶室内作

业时摘除安全帽，但一旦离开驾驶室，则必须立即佩戴），身穿工装，系好纽扣或拉好拉链，配穿耐油防冲击工作鞋，一般要求作业时佩戴工作手套，允许根据个人情况决定现场是否佩戴防护目镜（多数佩戴太阳镜），带好通信工具并保持联络畅通。

基坑现场配合挖掘作业的人员必须佩戴安全帽，配穿工装，系好工装纽扣或拉链，扣好袖扣，配穿防冲击工作鞋，一般要求作业时佩戴工作手套，允许根据个人情况决定现场是否佩戴防护目镜（多数佩戴太阳镜）。如若基坑施工现场扬尘较大现场项目部应该依据实际情况为现场人员配备防尘口罩等口鼻部防护器具。

现场指挥人员、监护人员及业主单位现场人员须佩戴安全帽，配穿工装，系好工装纽扣或拉链，配穿防冲击工作鞋，允许根据个人情况决定现场是否佩戴防护目镜（多数佩戴太阳镜），带好通信工具并保持联络畅通。

（3）土石方施工现场的环境要求。

风机基础场地平整后，现场已经使用安全围栏进行了框围，现场安全有了基本保障，但是在进行土石方开挖施工时，由于是大型施工机械施工，且是多台机械同时分区开挖，现场仍然有一定的危险性。除了必须安排专人进行安全监护和现场设置施工指挥外，非土石方施工相关人员严禁进入土石方施工现场，尤其应该防止工程单位中临时短期聘用人员的围观，以避免机械施工中发生人身伤害事故。

对于施工机械，必须坚持每天开工前的设备检查制度。在进入现场前或开工前，对机械设备进行认真检查，保证机械设备的完好性和可靠性。

机械施工过程中，机械司驾人员必须服从指挥，严格按照作业指导书规定的作业区域进行挖掘，不越位、不跨界。在两台机械接口交叉地区作业，必须根据指挥的命令，撤出一台机械，现场仅留一台机械进行作业，以保证施工安全。

基坑挖掘现场须设作业指挥，且仅设一人，可以根据现场情况设置若干辅助人员，但必须明确其仅辅助指挥，没有下令等指挥权。辅助人员的主要职责是帮助指挥密切观察基坑边坡变化，防止坍塌等事故的发生或及时提示警告，维护施工安全。

由于风电场所处区域的自然环境普遍恶劣，在进行土石方开挖作业时，必须坚持每天收听当地气象预报，观察天气变化，遇有恶劣天气，必须停止施工，保证设备与施工人员的安全。

2.1.2.3　风机基础湿陷性地基处理

（1）概述。

1）湿陷性地基简介。我国的风带主要位于“三北”地区，少部分位于长三角、珠三角的滩涂、浸水区域，其他地区（如云贵高原等）只有较少的风源可供利用开发。在我国，由于地域跨较大，地形地貌复杂，风力资源分布不均，具体风机地理位置的不同，必然导致不同风电场具有较大的地质结构差异，这种差异致使不同风电场风机基础的地质条件相差甚远。

地基的主要作用是承托建筑物的荷重，因此，建筑物对地基的要求是有可靠的整体稳定性，并具有足够的地基承载力。也就是说，在建筑物荷载的作用下，地基的沉降值、水平位移及不均匀沉降等均需满足目标值的要求。

陆基风机基础多数是建造在黄土地基基础上的。部分黄土具有不同于普通细粒土的特殊成分与性质，通过对风机地基基础黄土的分层取样与分析，可以清晰地看到这类黄土具有较强的湿陷性，因此被称为湿陷性黄土。湿陷性是指黄土在一定压力下压缩稳定后，因浸水而发生下沉变形的性质。

还有一部分风机基础是建造在滩涂回填等浸水地质条件上的，同样具有湿陷性。另外，滩涂还普遍具有场地标高低于每月高潮位的特点，滩涂风机基础同时具有海洋结构工程、高耸结构基础、动力设备基础、复杂软土地基基础、大体积混凝土基础等显著工程特性，基础设计与施工的难度都较大。因此，在这类湿陷变形地质条件下建造风机基础也必须采取必要的技术措施。

湿陷性黄土的变形包括压缩变形和湿陷变形两种。虽然一般地基的压缩变形很小，大部分在其上部结构的允许变形值范围以内，基本不影响建筑或风机构建物等的安全和正常使用；但是，在风机基础的设计和建造过程中，还是应对此有充分的认识，必要的情况下应采取相应的处理措施，以保证风机基础的安全可靠。湿陷变形是由于地基被水浸蚀所引起的一种附加变形，往往是局部和突然发生的，而且很不均匀，对于风电场风机构建物等的影响会很大，危害性很严重。因此，为了保证风机的安全和正常运行，在湿陷性黄土地区建造风机基础时，从设计到建造施工都必须采取相应的地基处理措施。而对于建造在滩涂回填等浸水地质条件上的湿陷性风机基础来说，这类基础同样具有较强的浸水性，也极易发生基础显著下沉和不规则沉降，因此，在这一类湿陷变形地质条件上建造风机的基础时，也必须采取必要的技术措施来保证风机基础建造的可靠性和风机投运后的安全运行。

2）湿陷性地基的处理流程。在对湿陷性黄土地区的风机基础进行设计和施工的过程中，首先必须进行地质采样，取得翔实的风机基础地质数据；然后，通过对所涉及的各类数据经过缜密的分析和严格的科学计算，提出具有针对性的、可靠的、安全的风机基础的设计和实施方案；最后，在施工时，应严格按照设计要求、设计方法和工艺进行施工，保证湿陷性黄土基础处理的质量。

在对湿陷性黄土地基进行处理时，首先应确定处理的范围。在设计处理方案时，主要围绕经济性和处理效果加以综合平衡。

根据湿陷变形的范围，地基处理的范围可分为全部湿陷变形范围和部分湿陷变形范围两种。由于单个风机基础范围较小，设计与施工时通常采用部分湿陷变形处理的方法。确定处理范围的两个基本考虑就是处理的厚度和宽度。在湿陷性黄土地基上设计风机基础时，应该在对地质条件进行充分采样、分析、计算等的基础上，做出较为符合实际和科学的判定，以此设计风机基础及进行相应的基础施工。滩涂的风机基础还应充分考虑风机所处滩涂的实际地质情况、潮位等，经过综合分析与平衡后确定设计方案和施工技术要求。

3）湿陷性地基的处理方法。湿陷性黄土地基处理的常用方法为垫层法、夯实法、挤密桩法、桩基础和预浸水法等。在我国风电行业中，对风机基础湿陷性地基进行处理一般都采用桩基础法。而在诸多桩基础法中，基本采用的方法有两种：一种是钢桩基础，一种是挤扩支盘灌注桩基础。

钢桩基础是将一定长度的钢桩穿透湿陷性黄土层，支撑在坚实的非湿陷性土层上，使上部的风机等载荷通过钢桩传入桩端坚实土层上。这样，即使地基受水浸湿，也能完全避免湿陷对风机基础的危害，以此保证风机的运行安全。

由于滩涂地区场地标高通常低于每月高潮位，风机基础同时还具有海洋结构工程、高耸结构基础、动力设备基础、复杂软土地地基基础、大体积混凝土基础等显著的工程特性，因此，滩涂风电场风机基础的设计和施工较陆基基础难度更大。鉴于工程场地地质性能较差，且存在中等乃至严重的液化势，若采用天然地基，其承载力和基础变形都不能满足风机结构的要求。而桩基础具有承载力高、沉降速率低、沉降小、沉降均匀等优点，能较好地承受垂直荷载、水平承载、上拔力及由风机产生的振动或动力作用。因此，滩涂场地风机基础普遍采用钢桩基础，即以钢管桩基础为风机基础。钢桩基础的钢桩型式很多，风机基础多采用尖桩钢桩形式。

陆基桩基础也有多种形式，灌注桩基础是其中之一。在风机基础中，采用挤扩支盘灌注桩基础的较多。所谓灌注桩，是指在工程现场，通过机械钻孔、钢管挤压或人力挖掘等手段（风电场风机基础通常采用机械钻孔方法），在施工地基土中形成桩孔，并在其内放置钢筋笼，再灌注符合设计要求的混凝土而形成的桩。灌注桩依照成孔方法又可分为沉管灌注桩、钻孔灌注桩和挖孔灌注桩等。

挤扩支盘灌注桩是在普通钻孔灌注桩的基础上创新发展而成的，其在普通灌注桩基础上增加设置承力盘或整理分支，桩身由主桩、底盘、中盘、顶盘及数个分支组成，是一种更安全可靠、强度更高的桩基础。经过一系列鉴定、认证以及标准规范的制订等，目前该技术已经相对较为成熟，在风电场湿陷性地基设计与作业中得到普遍应用。由于风机基础是以陆基为主，且侧重采用挤扩支盘灌注桩，因此在湿陷性地基处理介绍中以此为重点进行阐述。

风机基础湿陷性地基处理应该严格遵照 JGJ 167—2009《湿陷性黄土地区建筑基坑工程安全技术规程》、JGJ 94—2008《建筑桩基技术规范》、GB 50007—2011《建筑地基基础设计规范》、GB 50202—2013《建筑地基基础工程施工质量验收规范》、CECS 192—2005《挤扩支盘灌注桩技术规程》、GB 50205—2001《钢结构工程施工及验收规范》、GB 50212—2014《建筑防腐蚀工程施工规范》、GB 50204—2015《混凝土结构工程施工质量验收规范》、JGJ 81—2011《建筑钢结构焊接规程》、JGJ 06—2014《建筑基桩检测技术规范》等标准规范规定的技术要求和条件执行。

4）湿陷性地基处理安全施工的总体要求。湿陷性地基处理施工作业必须坚持贯彻“安全第一，预防为主，综合治理”的安全生产方针，从“以人为本”的安全管理理念出发，按照安全生产流程和实际要求建立严谨的安全生产管理体系，编制严密的安全生产的各项规章制度，落实安全生产岗位责任制，依据施工岗位和安全生产要求配备现场安全管理员或安全监督员。

坚持现场人员的安全三级教育和岗前安全交底，严格执行安全操作规程，杜绝“三违”，保证施工现场的人员安全、设备设施安全、工程项目安全。

必须结合施工方案，对于施工危险点、危险源进行细致的分析与辨识，并以此为依据编制有针对性的人员安全防护方案，配备必需的各种各类安全防护装具，以积极有效地保护一线作业人员的人身安全。

对现场从事各作业项目与内容的一线员工进行必要的作业危险点、危险源及分析、技术和组织管控措施等的安全交底，使每一位一线员工清晰明了作业过程中的危险所在和安全防护要点，做到自我防护和互助防护，保证整个作业过程中的安全。

加强现场安全防护工作的监督检查，及时排除任何可能的隐患，及时制止现场的任何违章违规作业，消除环境危害及危险因素。

质量是工程的可靠保证，依照编制的施工质量要求，建立严格的灌注桩质量管理体系，严格质量管控。

必须严格按照国家相关法律法规，有针对性地编制各类应急预案。一旦发生紧急情况，应立即启动应急预案，实施现场有效抢救，防止发生二次事故或事故扩大，将事故危害减小到最小。

（2）湿陷性地基的处理。

湿陷性黄土地区的风机基坑工程应综合考虑基坑及其周边一定范围内的工程地质与水文地质条件、开挖深度、周边环境、基坑重要性、受水浸湿的可能性、施工条件、支护结构、使用期限等因素，并应结合工程经验，做到精心设计、合理布局、严格施工、有效监管。

湿陷性黄土地区的风机基坑必须严格按照 JGJ 167—2009 的规定进行勘察和设计，并编制完善的施工方案。另外，还应符合国家现行一系列有关标准的规定。

湿陷性地基工程作业必须遵循 CECS 192—2005《挤护支盘灌注桩技术规程》、JGJ 194—2008《建筑桩基技术规范》等相关技术规范与标准，还应符合建设方的有关设计、监理文件的要求。

1）钢管桩基础作业流程及安全施工要求。

a. 钢管桩基础作业流程。钢管桩基础作业流程为：根据设计确定钢管桩的选用——确定桩位施放位置——管桩施工机具就位——试打试验桩——试验桩数据评估与结论——打桩——现场校验、评估与验收——成桩。

b. 钢管桩基础作业基本技术要求与条件。由于钢管桩质量的优劣直接关系到风电场风机运行的安全，因此，在钢管桩材料性能、制作加工及管桩成品的存储运输等方面都必须严格把好质量关。每一根钢管桩都必须经过严格的承载力检验，必须对桩身进行检验，只有符合国家相关标准规范要求和设计技术条件的钢管桩方可允许在风机现场使用。

根据勘查和设计要求，风机钢管桩基础工程施工前必须具备完备的地质勘查资料和风机工程附近相关的管线、建（构）筑物和其他公共设施的构造情况。根据实际情况，必要时应对此做施工勘察和调查，并采取相应的措施，以确保风机基础工程的质量和邻近管线、建（构）筑物和其他公共设施等的安全。

钢管桩生产厂家、打桩施工单位等风机基础工程参与单位必须具备相应的专业资质，同时建立和具备完善的质量管理体系、质量保障体系及质量检验体系，有必要时可以派驻厂代表进厂进行监造，以确保钢管桩的质量。

风机基础施工现场的主要施工机具、仪器等必须事先经过有关单位的检验和校核，保证其在合格有效期内。

c. 钢管桩打桩现场施工机具种类与要求。打桩机：风电场滩涂区域的打桩通常使用三点支撑式履带打桩机或步履式打桩机。打桩机的桩架必须具有足够的承载力、刚度和稳定性，荷载必须与所挂的桩锤相匹配。风机打桩一般多采用柴油锤。

履带式起重机：打桩施工现场主要使用履带式起重机，通常标称起重吨位为15t。

滩涂风机基础现场使用的机具还应有经纬仪、水准仪等。

由于滩涂区域自然地基松软，具有一定的湿陷性，为保证施工的顺利进行和生产安全，作业现场应对打桩机、起重机等进场大型设备进行稳定性保护，一般采用路基板或路基箱方式，同时采用楔木对施工设备进行固定等方法，以保证打桩机在作业时保持稳定、垂直状态。

正式打桩前，必须根据桩基设计图纸和地质勘探资料，选择有代表性的工程桩进行试桩作业，以核查地质资料的正确性。打桩机及桩锤必须选用合理，并且确定工程桩大面积施工时应控制的各项技术指标和施工标准。

结合试桩情况编制和完善打桩施工方案，绘制工程桩号图，确定打桩顺序图，以保证打桩机行走路线和打桩作业的合理性，避免施工过程中发生挤桩、压桩等可能影响打桩质量，甚至引发安全事故。打桩施工一般宜采用退打的方式进行作业。

打桩前必须认真检查施工机具，校核桩位，进行二次核样，并按照施工方案合理安排打桩路线，避免压桩或挤桩。施打钢管桩时，必须保证桩体的垂直度，避免桩身倾斜，必须保证桩锤、桩帽、桩身中心线在同一直线上，保证打桩时不偏心受力。

打桩时应采用“重锤低击”的方式选用桩锤，还要控制打桩锤击间隔和总锤数，保证打桩质量。

管桩运输、吊桩和堆放时，必须轻起轻吊，正确堆放，防止在运输、吊桩和堆放过程中损坏管桩。

d. 钢管桩基础作业的安全要求。钢管桩施工现场的所有人员均必须正确佩戴安全帽，允许运输车辆人员在驾驶室内暂时脱下安全帽；运输车辆人员、打桩机作业人员及打桩作业辅助人员必须配穿工装，扣好工装纽扣（或拉好拉链），袖口的纽扣同样必须扣好；运输车辆人员、打桩机作业人员及打桩作业辅助人员必须持证上岗；打桩机作业人员及打桩作业辅助人员在打桩作业过程中，必须佩戴耳塞或耳罩；现场人员必须佩戴作业手套（以耐磨耐油手套为佳），配穿耐油防滑安全工作鞋（胶鞋）；如有登高作业任务，登高人员必须持有登高证，并必须佩戴全身式安全带。通常雨天不宜进行打桩施工，如因种种原因必须施工时，现场人员必须配穿雨衣，配穿的工作鞋除以上要求的安全防护功能外，还必须具有绝缘性能。遇有雷暴、台风等恶劣天气，必须坚决暂停施工，以保证施工人员安全。

滩涂风机基础打桩施工过程中，一旦发生异常情况，必须立即停止施工，由风电场业主单位、基础施工监理单位联合基础勘察设计单位、基础施工单位等有关单位或部门对风机基础现场进行勘察，共同分析与判别，探寻异常原因，消除安全与质量隐患，并形成书面文件，在经各有关单位签署后方可继续施工。

钢管桩施工单位必须建立由工程项目经理牵头，技术负责人执行实际控制，现场施工员、质检员、安全员或班组检查员组成的三级现场生产、安全、质量管理系统，形成横向由施工员、质检员和班组长分别监控，纵向由项目经理到生产班组长构成的生产进度、安全、质量管理体系。

必须事先编制施工组织方案，将风机打桩设计图纸、技术要求、打桩施工标准等技术和安全要求向每一位参与基础打桩作业的人员进行交底，使一线员工明确工作目标和安全防范措施。

遵循文明生产的施工要求，施工现场必须以围栏或安全警示带等方式将施工现场与外界加以隔离，并在围栏或警示带上按要求以一定距离悬挂安全警示牌。所有进出车辆必须保证车体干净、无污物。施工时尽可能降低打桩噪音及其他污染。

根据国家关于工程施工要求和工程施工条件，编制切合客观实际的应急预案体系，并按照国家应急管理要求组织应急演练和修订，现场做好应急事故处理的各项准备。一旦发生情况，立即启动应急处置，将应急情况的人员伤亡、设备损失、应急影响减小到最小。

2）挤扩支盘灌注桩作业及安全施工要求。

a. 挤扩支盘灌注桩作业流程。挤扩支盘灌注桩作业流程为：确定桩位施放——护筒埋设——钻机就位——校准垂直度——钻孔——泥浆护臂——检测泥浆质量——测量孔深、孔径——检验持力层等——第一次清孔——挤扩装置就位——校验垂直度是否满足要求——挤扩成盘——测量盘标高、盘径——吊放钢筋笼、焊接——下导管、二次清孔——测量孔深、沉渣厚度——浇注混凝土——成桩。

挤扩支盘灌注桩工艺流程见图 2–4、图 2–5。

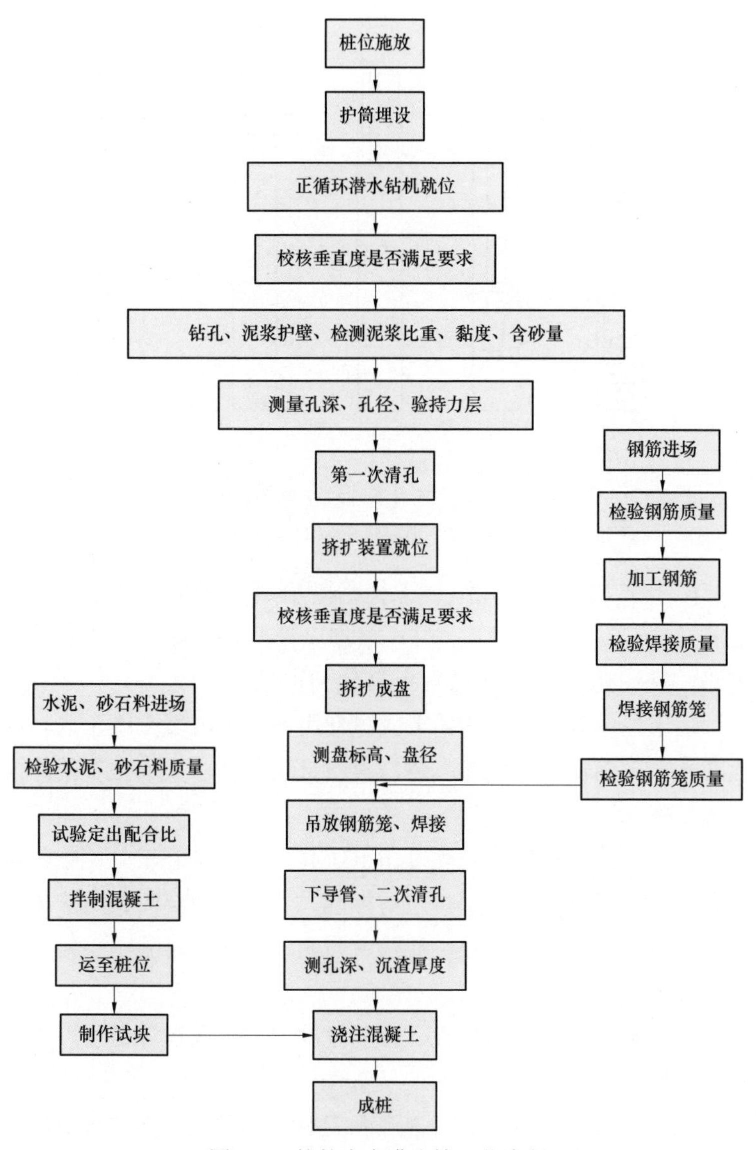

图 2–4　挤扩支盘灌注桩工艺流程

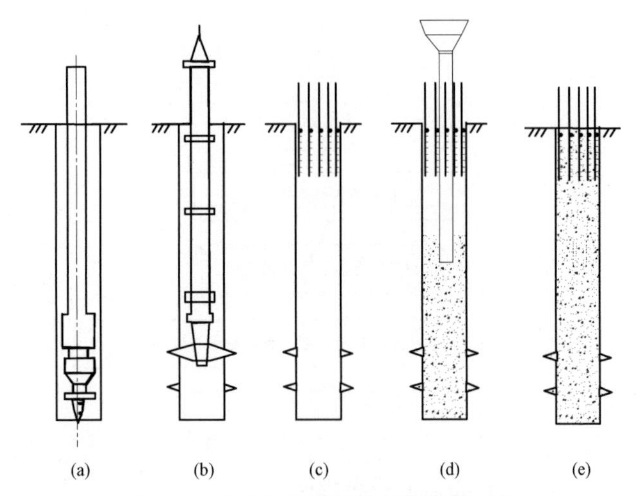

图 2–5　挤扩支盘灌注桩工艺流程示意

（a）钻孔；（b）成盘；（c）放钢筋笼；（d）灌注混凝土；（e）成桩

b. 挤扩支盘灌注桩作业技术要求与条件。挤扩支盘灌注桩施工前必须编制施工进度表，并严格加以管理。必须事先勘察进场道路，保证施工机械和混凝土料顺利进场。

由于现场施工过程中需要大量使用吊车、混凝土罐车等，因此必须事先确认进场道路车辆、设备进场条件，采取必要的路面硬化处理。

工程施工临时用电必须遵循 JGJ 46—2005《施工单位临时用电安全技术规范》等技术规范与标准，并配备必要的备用应急电源，规范敷设施工现场用电线路、照明设施和临时施工用接线端子箱等。

泥浆配制用搅拌楼建设、钢筋笼制作加工场地等必须严格按照相关规范和管理制度执行。

c. 挤扩支盘灌注桩作业施工机具种类与要求。挤扩支盘灌注桩作业施工车辆主要包括混凝土搅拌车、吊车、板车、泥浆车等，另外还有钻孔机、支盘机、灌注架、应急发电机等。所有现场使用的机具必须在进入施工现场前进行认真的检查与维修，不允许任何“带病”机具设备在现场使用。有些机具设备，诸如车辆、钻孔机等须坚持每天进行例行检查和保养，且不得流于形式，以保证现场投入使用的机具设备的完好性和可靠性。

预制钢筋笼等作业可集中在加工区域进行，但钢筋加工、焊接、吊运等都必须严格按照设计要求，满足设计规范的规定。

d. 挤扩支盘灌注桩作业的安全要求。

a）按照保证施工安全管理的“人—机—环—管”的本质安全要求，严格现场施工人员管理，对钻孔施工人员、钢筋笼制作人员（包括焊接人员）、挤扩盘作业人员、混凝土浇筑作业人员（含泥浆配制人员）、泥浆排污作业人员、现场设备维护人员（包括维修电工、设备维护等）、司驾人员、后勤炊事人员等都必须坚持持证上岗的要求。具体条件与要求可参考风机施工现场人员资质的阐述。

挤扩支盘灌注桩作业应按照专项施工方案中所要求的安全技术和措施执行。对参与施工的作业人员应进行专项安全教育，未参加安全教育的人员不得从事现场作业生产。

b）风机基坑属于一级安全等级基坑，按照湿陷基础条件，安全等级须为一级基坑工程设计。必须结合实际，认真论证和设计，科学地组织工程施工，保证基坑工程质量。

基坑施工前必须编制施工方案，方案包括：支护结构具体施工方案及部署；基坑排水、降水方案及支护施工的交叉及实施，止水帷幕施工的部署；支护施工对土方开挖的具体要求及控制要素；支护施工过程中的安全及质量、进度保证措施；支护施工过程基坑安全监测、检测方案及预警措施；防止坑壁受水浸湿的具体措施；基坑施工安全应急预案。

基坑工程专项施工方案必须经单位技术负责人审批签字，项目总监理工程师认可同意并签字后，方可实施。

c）湿陷地区风机基础灌注桩施工作业须执行良好的环境条件，以和谐的人机环境保证工程施工安全。

开始施工前必须编制施工作业指导书，明确具体的文明施工要求。

施工时，各具体施工作业项目责任人必须始终坚持在现场负责。交叉施工时，施工指挥人员之间须保持顺畅的沟通联系，协调一致，防止和避免发生车辆、设备、人员的任何事故。

施工作业项目负责人在现场必须依据施工作业指导书进行现场指挥、协调和规范作业。

施工前应核验基坑位置及开挖尺寸线，施工过程中应经常检查平面位置、坑底标高、坑壁坡度、排水及降水系统，并应随时观测周围的环境变化。

土方开挖必须遵循自上而下的开挖顺序，分层、分段按设计的工况进行。

机械开挖时，对坡体土层应预留10～20cm，由人工予以清除，修坡与检查工作应随时跟进，确保坑壁无超挖、坡面无虚土，坑壁坡度及坡面平整度满足设计要求。

在距离坑顶边线2.0m范围内及坡面上，严禁堆放弃土及建筑材料等；2.0m以外堆土时，堆置高度不应大于1.5m；重型机械在坑边作业时，宜设置专门平台或深基础；土方运输车辆应在设计的安全防护距离范围外行驶。

配合机械作业的清底、平整、修坡等人员，应在机械回转半径以外工作；当需要在回转半径以内工作时，应停止机械回转并在制动后方可作业。

吊装钢筋笼时，吊车及运输车辆、配合作业车辆必须服从现场指挥，防止和避免发生车辆倾翻等事故。现场配合作业人员必须严格按照作业指导书的规定与要求进行施工，防止车辆对现场人员挤压造成伤害。

d）由于湿陷地区风机基础工程施工风险较大，现场安全管理必须严格、细致。施工前，应根据具体的施工地区条件、环境状况、风机基础设计要求等编制严格的安全管理制度，从制度上提供有效的安全防护保障。

进入现场后，除正常的安全教育、安全例会等基本措施外，还应结合现场情况分别组织现场安全分析会等，扼杀任何不安全苗头，保证风机基础施工的顺利进行。

坚持对现场各类设备定期或每班作业前定检，保证现场设备设施的完好性，避免任何可能的设备隐患造成的生产事故。

坚持严格要求，使人员管理、设备完好到客观环境条件等诸方面都在业主、施工单位、监理单位等多方面的监管之下，保证工程施工的安全。

e）结合工程施工条件和要求，编制切合实际并经多次演练修订的应急预案体系，切实做到安全施工。

2.1.2.4　基坑垫层混凝土施工

（1）基坑垫层混凝土施工的基本安全要求。

基坑垫层混凝土施工的主要作业内容是：由混凝土搅拌车将由专业混凝土预制公司按照设计单位对风机基础和风电场的要求预制好的混凝土运输到风机基础现场，再通过混凝土浇筑泵车的浇筑管道将混凝土输送到经开挖和清理好的基坑底层上，最后由基坑底层区域的现场混凝土摊铺作业人员配合作业，完成垫层混凝土施工作业。

基坑垫层混凝土施工的技术要求在此不展开细述。在进行垫层混凝土施工时，和验槽作业一样，要随时注意观察和掌握基坑的变化，并采取对应措施，以确保施工安全。

在混凝土浇筑前，必须事先认真检查混凝土搅拌车和混凝土浇筑车的完好性和可靠性，并对车辆各个部件的功能进行试运行。如发现问题，则必须立即处理与修复，以此来保证车辆、设备在整个作业过程中始终处于完好状态，保证基坑垫层混凝土浇筑的顺利完成。

在混凝土浇筑过程中，混凝土搅拌车和混凝土浇筑车必须按照预先设定好的行车路线和停车位置行进和泊车，泊车位置需设定在基坑以外较远距离且能完成浇筑作业的地方，防止因泊车错误压塌基坑或造成混凝土搅拌车或混凝土浇筑车侧倾，酿成事故。混凝土浇筑过程中，基坑现场人员和混凝土搅拌车、混凝土浇筑车之间应该配合默契，防止因配合不协调而引发事故。

（2）基坑垫层混凝土施工中对人员的基本要求。

混凝土施工过程中，混凝土搅拌车和混凝土浇筑车司驾人员的安全防护要求与挖掘机司驾人员基本相同。混凝土浇筑车作业时，在释放混凝土传输管道时，司驾人员应和地面作业人员密切配合，防止管道击人造成伤害事故。

基坑垫层混凝土施工现场应设专人指挥，并配备一定数量的辅助人员。辅助指挥人员没有指挥权，仅在进行混凝土浇筑时协助指挥，以及在施工中负责基坑与地面之间的情况沟通。

由于混凝土传输管道是伸向基坑底部的，司驾人员一般不能照顾到基坑的全部情况，因此作业时司驾人员必须听从指挥，与指挥人员、基坑底部作业人员密切配合。

混凝土搅拌车和混凝土浇筑车可以根据现场情况配备使用通信设备，并保持通信畅通，以保证混凝土浇筑时的协调配合。

基坑配合浇筑作业的人员必须佩戴安全帽，身穿工装，系好纽扣或拉好拉链，扣好袖扣，配穿防冲击工作鞋，允许情况决定是否佩戴工作手套，可以根据个人或现场情况决定是否佩戴防护目镜（多数佩戴太阳镜，一般不主张佩戴护目镜），必须佩戴防尘口罩。

指挥人员和辅助指挥人员的个人防护要求基本与现场作业人员相同。另外，必须佩戴通信设备，并保持通信畅通。

（3）基坑垫层混凝土施工现场的环境要求。

基坑垫层混凝土施工现场专用车辆的停泊与作业必须按照作业指导书的规定执行。

对于混凝土施工专用车辆，必须坚持每天开工前的设备检查制度。在进入现场前或开工前，对机械设备进行认真检查，保证机械设备的完好性和可靠性。

施工过程中，机械司驾人员必须服从指挥。

混凝土施工过程中，必须随时观察基坑土壁的变化情况，如有异常，基坑作业人员应立即撤离基坑，直至基坑异常处理完毕并经相关安全、监理、设计等部门认可、办理签署手续后，方可返回基坑继续施工。

由于风电场所处区域的自然环境普遍恶劣，在进行混凝土施工时，必须坚持每天收听当地气象预报，观察天气变化，遇有恶劣天气，必须停止施工，保证设备与施工人员的安全。

2.1.2.5 基坑模板施工

由于基坑通常深度为4m，而且基坑呈慢坡的“脸盆型”，故一般不使用脚手架方式施工。如果基坑深度达到7～8m，则须采用脚手架方式作业。只有在脚手架搭建完成并经验收后，方能进行基坑基础的模板施工。采用脚手架作业方式时，安全防护十分重要，事先必须编制脚手架作业指导书，其中详细规定作业的内容、方法、注意事项、安全防范措施、现场应急抢救等内容，并依据指导书要求逐条逐项加以落实。

基坑垫层混凝土施工完成并经验收达标后，即可开始准备对基础进行钢筋绑扎等作业，作业到适当进度需要对基础进行模板敷设。模板敷设必须根据设计要求和由现场实际编制的作业指导书进行，特别注意安全防护与作业规范。

在进行模板支护作业时，还应根据基坑边坡的实际情况，必要的话对边坡同时进行支护，防止边坡塌方等造成对基坑作业人员的伤害。

基坑模板支护作业见图 2–6。

图 2–6　基坑模板支护作业

基坑内敷设的模板主要采用组合钢模板，局部配合使用木模板。模板技术应用应该符合 JQJ 162—2008《建筑施工施工模板安全技术规范》标准要求。

通常，施工单位使用的模板大多是向专业公司租借而来的。

（1）在模板进入施工现场时，必须认真检查模板及模板的支撑等构件是否符合要求。钢模板不得有锈蚀、扭曲变形等缺陷。风机基坑模板支护中可能会少量使用到木模板，所使用的木模板及支撑等构件的材质必须合格可用。

（2）基坑底部的地面支模场地必须平整夯实。作业前必须认真检查基坑地面作业场地及周围可能的各种安全隐患，排除现场所有可能影响支模安全的各种因素。

（3）模板支撑作业前，须认真检查支模使用的工具，要求工具牢固可靠。随身携带的扳手等工具必须使用专用的绳索系挂扣紧在作业人员身上，并检查系挂安全，保证工具不发生自动滑脱等情况，以避免可能因工具坠落而引发的安全事故。木模板架设时使用的钉子等零星碎小的工具及部件必须放置于系挂在作业人员身上的专用工具包中，并在作业前检查工具包的封闭程度，避免零星碎小的工具及部件从包中滑脱坠落而引发伤人事故。支模作业是一项危险性较大的工作，作业人员必须思想高度集中，既要保证自身安全，也要防止扳手、钉子等零星碎小的工具及部件从空中滑落伤人，防止钉子、模板等扎脚伤害事故的发生。

（4）根据风机基坑的深度，必须对 3m 以上的模板做四周的斜支撑处理，防止高处模板滑落造成施工事故和人身伤害事故。基坑模板应连成一个整体，以确保模板构架的安全。

（5）凡在基坑内作业，人员登高必须走人行梯道。严禁利用模板支撑攀登上下，不得在任何无防护的模板面上行走。

（6）向基坑运送模板等物件时，严禁抛掷运送。仅允许使用溜槽或吊车等起重设备运送，且处于下方的基坑内作业人员必须躲避，远离溜槽口、吊车悬臂和吊运物件的作业半径，并处于安全区域，防止经溜槽运送的物件和一旦发生吊车悬臂弯折事故或吊车所吊物件发生滑落时伤及现场人员。由于模板有一定的重量，搬运时，如二人配合搬运，则必须相互协调，防止搬运的物件跌落砸伤作业人员。传递模板工具等物件必须使用运输小车或其他安全的运输手段。由基坑向上运输模板等物件，当吊运物件超过模板搭建高度时，须使用临时吊运工具。如由吊车由高处吊运，则安全注意事项同前文所述。任何物件的搬运都必须将搬运件捆扎牢固方可进行搬运；无论物件大小，一律严禁抛掷，以此来防止由于不当搬运模板和工具等物件而引发的人身伤害事故。

（7）严禁在脚手架上堆放大批模板、材料及杂物。

（8）模板安装过程中不得间歇，必须将其安装牢固并形成整体后，方可允许作业人员离开。模板安装完成后必须经过验收，且只有经验收合格后方可进入下一步作业流程。

（9）如风机基础上需要有预留孔，则在搭建模板时就要在模板上预留孔洞；但必须在模板搭建安装完成后将孔洞口盖好，防止作业人员在预留孔洞口跌滑而受伤。

（10）基础模板安装时，必须先检查基坑土壁边坡的情况，基坑上口边沿 1m 内不得堆放任何物件或材料。

（11）高处模板安装与拆除作业必须事先编制作业指导书，严格作业行为规范，并且采取切实有效的安全防范措施来保证作业安全。

（12）当风机基坑施工现场风速[1]达到 10m/s 及以上时，必须停止基坑高处的模板敷设作业。雨雪霜雾冰等恶劣天气，必须经风机项目经理部负责人签发意见后，依据具体意见决定进行作业与否，不得擅自行动，以保证作业安全。

（13）只有在基坑混凝土强度试压报告合格后方才满足模板拆除作业的基本条件。正式拆除时，还须经过申请等流程，在经项目经理部签署批准后，进入拆模作业。拆模时必须严格执行作业程序和作业规范，不得影响基础施工工程质量。

（14）拆模按照“后支的先拆，先支的后拆，先拆非承重模板，后拆承重模板”的顺序进行。严禁将某些模板拆除后，一次性拉拽拆除其余模板。拆除模板时，必须一次性连续拆除完成，不得留有无撑模板。否则，已经部分拆除的无撑模板将留下极大的安全隐患。

（15）整个模板作业过程中，事先必须在基坑内对应的区域设定作业区域，并在作业区域设置安全围栏，悬挂安全警示标识。作业过程中，须设专人监护和警示区域值班，严禁非模板作业相关人员进入作业区域。

[1] 在风能系统中，国际上习惯采用 10min 平均风速来描述，本书中提及的风速均为 10 min 平均风速。

（16）严禁使用吊车等起重设备直接吊拆尚未撬松的模板。起吊、装运大型整体模板时，必须使用卡环连接，必须将模板拴结牢固，起吊中心必须平衡。装运就位后，必须拉紧起吊连接，牢固可靠后方可卸除吊环。

（17）基坑基础基本上无须使用大型孔洞模板。如果使用，则在拆除时，在模板下层必须采取支设安全网等可靠的安全防坠措施。

（18）拆除模板通常使用的工具为长撬杠。作业时，作业人员不得站在正在拆除的模板上，防止由于拆除作业而引发摔跌、高坠、磕碰等人身伤害事故。模板拆除时，必须上下协同配合，相互接应，防止因配合失误而导致模板滑落伤及拆除作业人员或现场其他项目的作业人员。钢模板及构件配件等拆除时，应规定“谁装拆谁运送”，同时清点数量。严禁从高处抛掷模板。高处拆模板时，必须设有专人担任监护，并有专人负责指挥，同时在基坑地面标出工作区，对工作区域用红幔布等加以框围，严禁非拆除作业人员进入。

（19）基坑模板上一般不允许架设电线或使用电动工具。如确需架设或使用，必须经过项目经理部负责人签署书面同意意见并提供具体的作业方案后方可实施，方案必须含有可靠的安全防护具体要求，且必须规定在钢模上架设电线和使用电动工具仅允许使用 36V 安全电压，并按照临时用电规程规定对用电安全提出切实可行的安全防护措施。

（20）高处作业必须在作业平台上完成。特别需要明确规定的是，任何现场人员不得穿硬底、无防滑作用、有跟的工作鞋在现场作业。

（21）拆模时，作业人员必须站立在安全地点进行作业，严禁上下同一垂直面上同时作业。现场作业人员必须主动避让吊物，强调拆模作业人员的自我保护和相互保护，有效防止各种安全事故的发生。

（22）拆下的模板应及时清理，吊运至预先设定的区域，码放整齐，并及时运出基坑现场。基坑基础上如有预留孔洞的，必须十分小心，在做好记录与对现场作业人员进行技术交底的前提下，还应预设网架，以防止发生作业人员由孔洞坠落的安全生产事故。

（23）支撑底部必须使用木垫板，严禁使用砖块或脆性材料铺垫，以确保施工安全。

（24）拆除土壁支撑时，须按照回填顺序，从下而上逐步拆除。如需更换土壁支撑，则必须先安装新的，再拆除旧的。

（25）模板工程是一项高处作业工程，具有一定的危险性。现场作业人员必须持有模板工程作业相关证明文件，必须做好安全防护工作。

现场作业人员必须正确佩戴安全帽，身穿工装，系好纽扣或拉好拉链，系好袖扣，配穿防冲击工作鞋，必须戴耐磨防冲击工作手套，必须佩戴防击打护目镜。作业用紧固工具必须放置于密封的随身工具包中，防止工具由包中滑落伤及其他现场作业人员，引发事故。

拆模人员除必须按照作业指导书要求配穿佩戴规定的个人防护用品外，还应遵照作业指导书要求的站位及作业安全防范措施进行作业，现场站位必须站在平稳安全可靠的地方，系好安全带，挂好二次保护安全绳，做好作业时自身平衡，严禁采用猛烈砸撬的方法拆除模板，防止因用力失衡而发生坠落事故。

（26）风机基坑模板施工涉及的环境和要件主要是人、吊车、搭建用材、基坑情况和外界天气。这些“环境”要素的安全条件大体应该是：“人—人”“人—机”“机—机”“人—环”“机—环”等几部分。

“人—人”的“环境”条件就是作业人员在作业过程中的相互协调配合，以团队的安全意识来有效地防止和避免作业事故的发生。

“人—机”的环境要求：一方面，要求作业人员具有较强的安全意识和安全防范能力；另一方面，对于作为“机”的吊车、搭建用材等设备、部件等，要求吊车等设备完好，搭建用材、部件等符合相关标准的要求。另外，搬运时遵照作业指导书规范执行，吊运时服从指挥，保证“人—机”环境的安全。

“机—机”环境主要是要求设备与用材之间的相互适应，简单讲就是吊运时必须保证吊运安全。

“人—环”环境较为复杂，在风机基础建设阶段，施工主要是“看天吃饭”。必须明确规定，一旦遇有恶劣天气，就必须停止作业。在一些较差的天气条件下，比如下雨、刮风等，“人”必须适应外界环境的变化，严格地执行天气条件作业要求的规定，该停的必须停，可以有条件施工的则按规定进行允许的施工项目和内容，不以工期为前提，真正把“安全第一”放在首位。

“人—环”环境条件还有一个重要的内容就是基坑的实际情况给施工提供的条件。在搭建模板时，基坑的任何变化都有可能影响基坑作业人员的人身安全，也可能影响基坑基础的安全。因此，在搭建模板时，必须时时注意基坑情况的变化，一旦出现坍塌、滑坡等恶劣情况，就必须立即撤离基坑作业人员，停止作业，保护人员安全。只有经过处理且经勘验无危险后，方才允许继续作业。

“机—环”环境的安全要求主要就是“机”要适应“环”。天气恶劣必须停止作业，车辆撤离现场，以防止事故的发生。

2.1.2.6　基坑钢筋施工

基坑钢筋施工的主要工作是将预制钢筋件按照设计要求正确地放置与绑扎。图 2–7 为梁板式基础钢筋绑扎作业图。

图 2–7　梁板式基础钢筋绑扎

基坑钢筋施工中预制钢筋件的加工涉及焊接（割）等动火作业，其安全要求可参见 2.1.1.2（2）4）“焊接（割）加工”中关于焊接（割）作业的安全要求。

（1）基坑基础环以上施工必须架设脚手架，并架设施工安全网（包括平网、立网和密目网），以防止高坠事故的发生，以及便于基坑基础施工。同时，还须对基坑土壁进行支护固定，为下一步施工提供安全可靠的基本条件。绑扎钢筋作业前，须先检查基坑的土壁和支撑是否牢固，防止基坑土壁坍塌而引发人员伤害事故。

（2）不得站在钢筋骨架上绑扎立壁钢筋或利用钢筋骨架进行攀爬，以防止发生撕刮或坠落摔跌伤害事故。2m 以上的高处钢筋绑扎必须搭设作业平台，利用平台进行钢筋绑扎作业，并做好高处作业安全防护工作。

（3）钢筋绑扎形成的钢筋骨架必须采用临时支撑拉牢，以防骨架倾倒引发人员伤害事故。

（4）高处绑扎和安装钢筋，须特别注意不得将钢筋集中堆放在模板或脚手架上，一般的作业方法是随时绑扎随时吊运，防止由于模板或脚手架超载坍塌而引发人员伤害事故。同时，在高处作业时，还须时时检查基坑支撑的牢固程度，一旦发现问题，立即撤离现场，待问题处理完毕并经检查安全后方可恢复作业。

（5）必须杜绝在基坑高处修整、扳弯钢筋，所有钢筋的预制必须在构件加工区完成。遇有特殊情况，必须在现场作业负责人经书面签字后，按照书面签字的作业指导书在基坑现场地面进行。防止因擅自在高处进行修整、扳弯钢筋而引发高坠、挤压、磕碰、刮擦等人身伤害事故的发生。

（6）风机基坑现场作业通常是在白天进行的，如遇特殊情况，或因天气昏暗，在基坑坑底施工采光或照明不能满足要求而需要提供照明时，须经现场负责人书面签字，现场作业人员根据经签字的作业指导书要求安装和使用临时照明。照明必须严格按照临时用电安全管理规定执行。采用临时行灯的，电缆必须完好，不得有接头，橡胶护套无破损，电源必须严格执行“一机、一闸、一漏、一箱”制度，行灯有完整的金属保护圈，电压等级不得高于 36V。

（7）在进行钢筋、马凳的摆放与绑扎过程中，必须严格按照设计要求和技术规范进行，绑扎铅丝符合要求。

（8）由于绑扎钢筋、摆放马凳具有机械撞击、磕碰、扎刺等危险，绑扎钢筋作业人员必须佩戴安全帽，身穿工装，系好纽扣或拉好拉链，扣好袖扣，配穿防冲击工作鞋，必须戴耐磨防穿刺工作手套，必须佩戴防击打护目镜。

（9）高处绑扎和安装钢筋必须按照规程规定做好安全防范工作，佩戴配穿全套个人防护用品，确保现场作业人员的人身安全。

（10）基坑钢筋绑扎的环境要求。

基坑钢筋绑扎作业基本上是人工作业，安全防护及其需要的环境相对简单，但是由于钢筋搬运到基坑和基坑基础的一定高度是由起重吊车完成的，因此，这时的“人—机”环境就十分重要，只有“人—机”协调才能有效地防止和避免作业事故的发生。吊车司驾人员必须服从现场指挥人员的指挥，基坑钢筋绑扎人员在钢筋吊运时，必须暂时停止作业，躲避到吊车悬臂和吊运钢筋半径以外的地方，避免吊运过程中意外伤害事故的发生。

吊运钢筋的车辆必须停泊在作业指导书规定的区域，不得跨界。

对于吊运钢筋的车辆，必须坚持每天开工前的设备检查制度。进入现场前或开工前，对机械设备进行认真检查，保证机械设备的完好性和可靠性。

施工过程中，吊运钢筋车辆的司驾人员必须服从指挥。

钢筋绑扎施工过程中，必须随时观察基坑土壁的变化情况，如有异常，基坑作业人员须立即撤离基坑，直至基坑异常处理完毕并经相关安全、监理、设计等部门认可、办理签署手续后，方可返回基坑继续施工。

由于风电场所处区域的自然环境普遍恶劣，因此在进行钢筋绑扎施工时，必须坚持每天收听当地气象预报，观察天气变化，遇有恶劣天气，必须停止施工，保证设备与施工人员的安全。

2.1.2.7 基础环与预埋件安装施工

风机基础底层钢筋绑扎完成后，先安装调节螺栓支架。调节螺栓的下端焊接有钢板，而调节螺栓的钢板焊接在支架顶端的钢板上，就位后，即进行基础环和预埋件的安装施工。

（1）一般使用吊车等起重设备将基础环吊入基坑，并放置在调节螺栓支架上。基础环可靠放置好之后，必须采用电子水准仪调节下部的调节螺栓，进行精确调平。通过调节螺栓调节基础环水平高差完毕后，必须用辅助支架支撑固定基础环，辅助支架须用楔形钢垫片调节高差，复测基础环平整度后在辅助支架和基础环下法兰之间进行点焊。整个过程必须随时注意：任何钢筋不得与基础环直接接触，任何钢筋的重量也都不得作用在基础环上，仅允许通过钢筋网自身架立钢筋放置在垫层上。

在全部钢筋绑扎及预埋管安装完成后，对三个调节螺栓对应的基础环顶面位置进行观测，如发现基础环平整度超过±1mm，则必须拆除辅助支架支撑，重新按上述“基础环可靠放置好之后，必须采用电子水准仪调节……复测基础环平整度后在辅助支架和基础环下法兰之间进行点焊。”要求对基础环进行调平。

全部钢筋绑扎完成及预埋件安装完成后，需再对此调平。

（2）浇筑基础环四周及内部混凝土时，下料不得直接对着基础环本体，振捣器也不得直接与基础环接触，作业人员不得站在基础环上，还须避免其他施工机械与基础环相接触或磕碰。

基础浇筑时，每铺筑一层混凝土就必须检查一次基础环的平整度。如发现基础环平整度出现较大偏差，必须及时采取措施进行调平。

当混凝土浇筑至基础法兰附近时，复测基础环平整度，调平后，在辅助支架和基础环下法兰之间进行围焊。

混凝土浇筑完成后，要求基础环顶面在一个水平面内，基础环任意位置高程误差不得超过2mm，并尽量减小安装误差至1mm以内。

基础环验收是基础环进入塔筒安装阶段的必经程序。基础浇筑完成后，必须对基础环上法兰平整度进行检查验收。采用电子水准仪器检查法兰面水平，最高点与最低点之间的高程误差以相对于以120° 均布的3个点平均值不得超过2mm（或±1mm）（或以产品生产单位技术要求为准，由于塔筒与风机机舱通常不是同一生产单位的产品，因此，必须由相关产品生产单位、业主、设计等多方协调决定）。

每铺筑一层混凝土就要检查一次基础环平整度，必要时及时进行调平。

基础环与预埋件安装完成后须经过检查验收，确认合格并经验收签字批准后才能进行下一步的作业。

基础环安装在很多地方涉及土建施工作业，尤其是钢筋绑扎作业和混凝土浇筑作业的规范与否直接影响基础环安装的质量。因此，必须十分重视基础环安装的基本条件与环境，并在整个土建施工过程中，随时关注土建施工的质量和执行规范的情况，一旦发现稍有不合规或不规范的土建施工情况，必须立即给予纠正，以免为基础环安装施工，乃至风塔安装、风机机舱安装埋下安全隐患。

（3）调平与校准是一项细致的工作，作业人员应具备很强的责任心，采用正确的方法，且在多次校准时应当时时保证校验的准确性，保护好自身的安全，避免发生各类事故。

（4）每台风机都有诸如电力电缆管道、控制电缆管道、排水管道等预埋件预埋在风机基础中。预埋管道需按照设计要求选材，预埋前需认真检查管道，对管道口的检查尤其要认真，要求管道口必须平滑、无裂纹、无毛刺等缺陷。安装前必须对管道内壁经过清洁处理；安装就位后，需使用临时支撑加以固定，以防止混凝土浇筑和回填时发生管体变形或走位，钢支撑通常留在浇筑的混凝土中。预埋件的管口必须加以有效保护，防止管道被堵塞或接口损坏，导致预埋件无法正常使用。预埋时要做好预埋件标记编号，以方便安装时的对号穿线等作业。所有预埋件安装就位后，需将预埋的电气管道终端引出，并在每根预埋电气管道中穿引牵引铅丝，末端露出管道终端，便于线缆穿引。

预埋件处理主要是要保证预埋质量，作业时应当防止预埋件管道口伤及现场作业人员。

（5）现场作业人员必须充分认识基础环与预埋件安装施工的危险性。

a. 基础环与预埋件安装施工中涉及的焊接作业的安全防范及措施、个人防护可参见 2.1.1.2（2）4）“焊接（割）加工”中关于焊接（割）作业的安全要求。现场焊接必须按照作业指导书进行。除焊接作业的安全措施外，尤其应当突出强调现场焊接螺栓、螺母、垫片及法兰点焊时的焊接安全，以避免可能引发的各类事故。由于基坑现场狭窄，作业时尤其须避免火灾、触电等一类事故。现场必须设置足够的消防灭火设备设施，并在工作安全交底时明确清晰地向现场作业人员进行交底。一旦发生火灾，立即启动现场紧急处置预案，将火灾消灭于初始阶段。

b. 由于基础环重达 10t 左右，在安装时，吊车司驾人员、基坑现场人员、现场指挥必须协调一致，防止磕碰、挤压等事故的发生。

c. 吊车司驾人员必须持有有效的特种作业上岗证、驾驶证等资质证明文件，并在承包单位留有备案，服从指挥。在作业过程中，司驾人员必须佩戴安全帽（允许在驾驶室内作业时摘除安全帽，但一旦离开驾驶室，则必须立即佩戴），身穿工装，系好纽扣或拉好拉链，配穿耐油防冲击工作鞋，一般要求作业时佩戴工作手套，允许根据个人或现场情况决定是否佩戴防护目镜（多数佩戴太阳镜），配备通信工具并保持联络畅通。

d. 基础环与预埋件安装施工的配合作业人员必须佩戴安全帽、配穿工装、系好工装纽扣或拉链，扣好袖扣，配穿防滑防冲击工作鞋，一般要求作业时佩戴工作手套，佩戴防冲击目镜。

现场设专职指挥人员，允许根据情况设置辅助指挥人员，但应明确辅助指挥人员仅起辅助作用，主要是负责协调工作，不得干预指挥。指挥人员、辅助指挥人员和监护人员均须佩戴安全帽、配穿工装、系好工装纽扣或拉链，扣好袖扣，配穿防滑防冲击工作鞋，佩戴防冲击目镜，配备通信工具并保持联络畅通。

（6）基础环与预埋件安装施工是一项比较精细的作业，需要细心和认真。吊装是由多方协调配合来完成的。现场环境条件瞬息万变，需要时时全面掌握各种条件并做出相应的对策与安排，以保证基础环与预埋件安装施工的安全。

这一阶段的施工环境主要是“人—机”配合协调过程。吊装的危险性较大，应特别注意，具体可参见2.1.2.5（26）中关于“‘人—机’环境的要求”。

当天气变化直接影响到调平和预埋件安装施工时，应停止作业，待天气条件允许后再恢复作业。由于基础环与预埋件安装施工是在基坑内进行作业，因此，应时时注意基坑情况的变化。一旦发现基坑内出现异常，应立即停止作业，必要时可以暂时撤离现场，待现场处理完后根据现场负责人和项目经理部的安排再进到基坑内进行作业。

2.1.2.8 接地网施工

（1）风机接地网施工要根据设计单位编制的接地网施工方案进行，施工方案是根据风机的地理位置、环境情况、地质结构、地震资料、土壤性质及交通等多方面的基本信息制订的。另外，还应依据有关防雷、交流电接地装置等多份标准规范的具体要求，综合分析与计算后提出接地网的设计方案和施工技术要求。

（2）风机接地是保证风机安全运行的基本条件之一，接地工程必须按照GB 50169—2006《电气装置安装工程 接地装置施工及验收规范》规定的技术条件进行。接地工程完成后的单台风机工频接地电阻必须小于等于3.5Ω。

接地网选用的镀锌扁铁的最小截面及接地按照GB 50057—2010《建筑物防雷设计规范》规定的技术条件进行，施工按GB 50169—2006进行。基础接地网的4根伸向基础中心的镀锌扁铁与纵横钢筋点焊成整体，按接地网图中位置引出混凝土面与基础环筒壁耳板相焊接。

底座环中心的4根放射状扁铁与底座环接地极焊接时，必须保证搭接长度符合要求，且三面焊接。

（3）接地焊接须在基础混凝土浇筑前完成。焊接前须先对搭接面进行除漆、除渣、除锈清理，扁铁搭接面应平整无变形。焊接时，焊缝光滑平整，焊迹不得突出扁铁上端搭接面，不得有虚焊、夹渣等缺陷。焊接完成后，需清除表面焊渣及扁铁上端搭接平面，保证无异物。对焊接处进行表面防腐处理。经过第三方专业测试机构对接地网进行接地电阻测试，符合技术要求即为合格，并由第三方专业测试机构出具书面测试报告。

接地螺栓连接完后应要求进行焊接。同样，焊接前需对焊接部位进行除锈、除漆等清洁处理，焊后进行表面防腐处理。

（4）接地网施工涉及较多的焊接作业。焊接作业时，必须遵循焊接安全作业要求和规范进行，合理布设焊机，注意用电安全，做好焊接作业人员的安全防护工作，避免和防止焊接作业中发生人身伤害事故。

接地网施工中涉及的焊接作业安全防范及措施、个人防护可参见 2.1.1.2（2）中焊接（割）加工的焊接防护部分的要求。由于基坑现场狭窄，作业时尤其须注意避免火灾、触电等一类事故。配合焊接作业人员的安全防护基本和焊接人员相同。

（5）接地网施工现场人员必须佩戴安全帽、配穿工装、系好工装纽扣或拉链，扣好袖扣，配穿防滑防冲击工作鞋，佩戴工作手套，佩戴防冲击目镜。

（6）接地网施工作业的主要内容是敷设接地网，在敷设时要涉及焊接作业，因此，作业环境的安全重点在于敷设过程和焊接作业的环境条件。

接地网敷设施工作业中，人与人之间必须密切配合，协调作业，创造较好的作业环境，保证作业安全。

2.1.2.9 基坑混凝土浇筑施工

基坑混凝土浇筑既包括基坑底层浇筑，也包括基坑底层浇筑完后的基础浇筑。基坑底层浇筑主要是对基坑垫层的满封闭进行浇筑，基础浇筑主要是为风机的塔筒树立奠定基础。

基坑混凝土浇筑施工应该采用混凝土搅拌车将由混凝土供应商或现场搅拌楼（一般风电场不设置现场搅拌楼）配制的混凝土运至现场，再经过设置的溜槽或混凝土泵车，配合必要的小车，将混凝土按设计要求敷设到基坑基础上，经过振捣器振捣夯实，完成混凝土敷设，再经过混凝土后期养护，完成基坑混凝土浇筑施工作业，见图 2–8。

图 2–8　基坑混凝土浇筑施工

基坑混凝土浇筑施工过程中具有一定的风险，主要是：搅拌车和混凝土泵车运输过程中的交通运输安全，搅拌车和混凝土浇筑车到达现场后的车体停放位置，搅拌车的混凝土输送安全，现场配合混凝土输送人员的安全，振捣器自身设备的安全，振捣器使用与作业人员的安全防护等。针对这些风险，作业过程中都必须按照相关规程规范和现场作业指导书的要求执行，以保证作业设备和作业人员的安全。

（1）基坑混凝土浇筑施工前，必须先检查基础模板支撑的稳定情况，尤其要注意检查用斜撑支撑的悬臂构件的模板稳定情况。

在整个混凝土浇筑过程中，需要随时注意观察模板和支撑的情况，一旦发现异常，必须即刻停止浇筑，并向现场工作负责人和项目经理部报告。只有经过对应的处理并经确认模板及支撑稳定安全后方可继续进行浇筑作业。基础有孔洞的，还必须检查防护盖板等安全防护措施。

（2）使用混凝土搅拌车和混凝土浇筑车实施浇筑作业前，须先认真检查车辆及专用功能的完好性，以保证现场施工的顺利进行。混凝土浇筑车输送浇筑混凝土时，混凝土搅拌车和混凝土浇筑车司驾人员必须和基础上配合混凝土浇筑作业的人员协调合作，防止车辆越位酿成事故或混凝土输送管道击撞现场人员酿成事故。浇筑施工过程必须由指定的唯一指挥人员统一指挥，以保证作业协调的有效性。

（3）混凝土浇筑、铺摊完成后，必须进行振捣作业。使用振捣器的作业人员必须经过专业培训，使用前必须认真检查振捣器是否处于正常的合格可用状态。振捣器必须有专用电源，临时电源必须符合施工临时用电的相关标准规定，做到“一机、一闸、一漏、一箱”，确保振捣器的使用安全。振捣器的电缆必须使用多股软电缆，且电缆接地可靠。电缆线径与振捣器的功率相匹配，并留有一定的冗余。电缆与接线箱接线端子及振捣器的连接必须使用接线压板紧密连接，以确保电缆与电源端可靠连接，并有防电弧盒罩保护。振捣器的拖拽电缆必须是整根电缆，中间不得有接头，也不允许电缆的任何部位有破皮等可能影响电缆安全使用的缺陷。一旦发现缺陷，必须立即停止作业，更换电缆。必须严格执行停机即切断电源的安全作业规定。

（4）混凝土浇筑车在承载混凝土之前必须检查输送泵、输送管道、安全阀、管道支架等输送混凝土的关键部件，并进行试送试验，经试验无异常后方可用于混凝土输送作业。混凝土浇筑车检修时必须卸压。现场输送时，输送管道接头必须与泵体等连接紧密，无漏浆，管道架子支撑良好。

（5）浇筑框架、支撑梁等部位的混凝土时，必须设置操作平台，严禁站在模板或支撑上作业。

（6）需要夜间浇筑时，现场（尤其是基坑及浇筑作业面）必须有足够的照明。

（7）基坑混凝土浇筑时，现场摊铺作业人员必须佩戴安全帽，穿着工装，系好纽扣或拉好拉链，系好袖扣，配穿耐磨工作鞋，佩戴耐磨手套，宜佩戴防尘口罩，佩戴防冲击护目镜等防护器具。基坑混凝土浇筑指挥人员除需配备上述个人防护装备处，还应佩戴通信设备，并保持通信畅通。

由于振捣作业存在以下风险：有触电的危险；振捣作业时，混凝土砂浆因振捣而飞溅，对作业人员的眼部可能造成伤害；振捣器噪声远远高于 80dB，可能对作业人员的听力造成不可逆转的永久性伤害。为此，现场振捣作业人员除配穿常用的工装和佩戴安全帽之外，还必须配穿绝缘靴、佩戴绝缘手套，佩戴眼部和耳部防护器具，佩戴防尘口罩，以有效地保护作业人员免受各类伤害。

（8）混凝土浇筑作业中的“人—机”配合必须十分协调。除了使用前必须对专用车辆设备各部位进行认真检查，保证车辆、设备的完好性、安全可靠性之外，现场司驾人员、指挥人员、现场配合浇筑作业人员等的相互配合尤为重要。现场仅允许一人指挥，司驾人员和配合作业人员都必须服从指挥，这是保证安全浇筑的前提。

混凝土浇筑后的振捣作业也是“人—机”配合协调的过程，设备的安全可靠是前提，振捣过程中则必须规范操作。

天气的情况直接关系到混凝土浇筑和养护的质量。整个作业过程中，应该随时了解和掌握基本情况，根据天气情况的变化，从预先编制的各个方案中选用合适的方案来适应天气，最终保质保量、安全顺利地完成浇筑作业。

2.1.2.10 土方回填施工

在基础施工完成，混凝土养护强度达到技术规范要求的条件，防腐、接地等分项施工工程完工并验收后，即可进行土方回填施工作业，见图 2–9。

图 2–9 风机基础分层夯填

（1）土方回填施工是风机基础工程的重要施工项目，其质量的优劣直接影响到风机塔架及风机运行的安全。土方回填施工涉及的标准较多，包括 GB/T 50123—1999《土方试验方法标准》，GB 50007—2011《建筑地基基础设计规范》，GB 50300—2001《建筑施工质量验收统一标准》，GB 50202—2002《建筑地基工程施工质量验收规范》，DL/T 5190.1—2012《电力建设施工及验收技术规范 第 1 部分：土建结构》等。土方回填施工必须严格按照技术标准和设计施工方案来进行。回填施工包括回填处理方案的编制、现场压实试验、回填土运输、回填、夯实、场地清理、完工验收及风机场坪环境恢复等工作。

（2）土方回填一般采用汽车运输、机械施工，加以配合人工分层回填、机械夯实的方式进行。回填作业必须根据设计要求进行，土方分层回填的厚度、土质等要求必须遵循 GB 50202—2002 的技术要求。

土方回填后必须分层进行夯实。夯实前，应做回填物料含水率和干容重（单位容积内土壤的重量，等于密度乘以重力加速度，单位：kN/m^3）试验，以此得出符合设计密实度要求条件下的最佳含水量和最少碾压遍数。

（3）基坑回填前，必须彻底清除基坑内的杂物，抽除基坑内的积水、淤泥，对基底标高进行测量验收等。土方回填时，必须对每层回填土进行质量检验，仅允许符合设计要求后才能填筑上层。

回填应由基坑最低部位开始，自下而上分层填筑，每层虚铺土厚度应小于等于 30cm，然后用碾压机夯实，一般来回碾压 3～4 遍（以现场试验数据满足设计要求为准）。移动振动碾压机时，须做到一碾压半碾，不得跳位或平碾，防止漏碾。如必须分段填筑，交接处须留有阶型，上下层错缝间距须大于等于 1m，在后续回填时分层搭接夯实，以保证新老回填层接合严密。

（4）土方回填作业的重点是要控制每层的回填厚度与正确的夯实方法。由于夯实机械具有一定的重量和类似混凝土振捣机一样采用拖拉电缆提供动力的方式进行作业，因此，需要采用与振捣器相类似的安全作业方法［参见 2.1.2.9 基坑混凝土浇筑施工中的（3）对振捣器安全使用的技术要求和（7）使用振捣器人员的安全防护要求］来避免诸如机械伤害和防止触电一类事故的发生。特别要注意临时用电的“一机、一闸、一漏、一箱”制度的执行。

现场夯实设备多台同时使用时，应相互密切配合，要有分工，防止机械间磕碰和因协调失误引发事故。

（5）土方回填作业的安全防范除了针对设备采取安全防范措施，还应着重强调现场人员的安全防护。现场人员必须佩戴安全帽、配穿工装、系好工装纽扣或拉链，扣好袖扣，配穿防滑防冲击工作鞋（操作夯实机的人员需配穿防滑防冲击绝缘工作鞋），允许佩戴工作手套（操作夯实机的人员须佩戴绝缘手套），佩戴防冲击目镜，佩戴防尘口罩。操作夯实机的人员须佩戴耳部防护装具。

（6）土方回填作业的“人—机对话”环境很重要，主要指夯实机的安全使用必须规范，设备必须完好、可靠，只有这样才能保证“人—机对话”的协调。

“人—环对话”是指环境对回填作业的影响不能轻视。大风、雷雨等都会直接影响到施工质量，也会影响到安全作业。因此，回填作业时，必须注意天气变化，避开恶劣天气，保证作业安全。

（7）土方回填作业完成后须经过验收。在验收合格后，基坑作业基本完成，应采用安全围栏或其他方式对基坑基础加以密闭式围框。这样做，一方面是为了保证基坑工程不被人为损坏；另一方面，由于风机现场一般都在山区农村，群众围观心理较重，而经回填的基坑这时本质上还是一个坑，且有一定的深度，为保证围观群众的安全和基坑质量，因此必须重点加以保护。

2.2 风电场升压站施工的安全要求

风电场升压站施工包括主体厂房（主控楼）施工，无功补偿室施工，主变基础施工，室外 GIS 构架施工或断路器、隔离开关、接地刀闸、TA、TV、避雷器、母线等的构架施工，消防水池施工，电缆沟槽施工，生活区施工及架空线路线杆施工等。

2.2.1 升压站场地平整

由于项目审批等规划管理的制约，通常一个风电场的装机总容量都不会太大，这也就决定了升压站的规模不会太大，大多数升压站占地面积在 1.5 公顷左右（15 000m^2，约合 22 亩）。

（1）升压站要求场地基本平整，无妨碍施工作业的障碍物。为减少征地费用，通常升压站设在荒地或利用山地推平、滩涂回填等低成本土地建造。

削山平地，需要关注的问题是边坡加固（包括靠山体护坡和填平部分的护坡等），质量要求和风机现场、进场道路等基本相同。对于采用滩涂回填方式做成的场地，由于地面基础松软，需要特别关注回填场地的牢固程度。

采取削山平地方式建设升压站场地时，要注意靠山体排水沟、场地边坡的防护，并留有安全边坡。应规定安全边坡距坡边不得少于 2m。

对于有滑坡、泥石流等风险的较恶劣地质环境的场地，应按照设计方案采用必要的石龙网固、打桩等方法对地表进行保护及加固。

（2）升压站场地平整时，要根据设计要求和升压站所在地的实际情况，并依据场地内升压站的平面布置，对场地设置厂房区域和施工区域等各种对应区域，做到井然有序；还应根据设计要求和现场情况，充分考虑吊装场地，重点是要满足安全作业要求和设备及部件的存放要求。

（3）场地平整后，应在场地周围布设安全围栏，不允许无关人员进入。场地周边宜竖立安全警示牌，以作提示。围栏上应定距悬挂安全标识牌。

升压站施工现场如有动火或涉及电源的作业，需专门编制安全防护措施，划定专门的作业区域，配备必需的消防器材，并落实具体责任人。

（4）升压站场地平整作业时，设备司驾人员必须持有有效的特种作业证，持证上岗，并在承包工程单位留有备案，服从指挥。严禁无证人员私自驾驶平整专用设备。

在作业过程中，司驾人员必须佩戴安全帽（允许在驾驶室内作业时摘除安全帽，但一旦离开驾驶室，则必须立即佩戴），身穿工装，系好纽扣或拉好拉链，配穿耐油防冲击工作鞋，一般要求作业时佩戴工作手套，允许根据个人情况或现场实际决定是否佩戴防护目镜（多数佩戴太阳镜）。根据现场情况和施工需要，如需要通过通信工具协调指挥作业的，必须带好通信工具，并保持联络畅通。

平整作业现场人员必须佩戴安全帽、配穿工装、系好工装纽扣或拉链，扣好袖扣，配穿防冲击工作鞋，佩戴耐磨工作手套，允许根据个人情况或现场实际决定是否佩戴防护目镜（多数佩戴太阳镜）。

由于打桩加固作业涉及混凝土浇筑，使用振捣器作业时，必须严格执行施工临时用电的安全管理规定，坚持“一机、一闸、一漏、一箱”制度。

振捣作业存在以下风险：有触电的危险；振捣作业时，混凝土砂浆因振捣而飞溅，对振捣作业人员的眼部可能造成伤害；振捣器噪声远远高于80dB，可能对振捣作业人员的听力造成不可逆转的永久性伤害。为此，现场振捣作业人员除必须配穿常用的工装和佩戴安全帽之外，还必须配穿绝缘靴、佩戴绝缘手套以及眼部和耳部防护器具，佩戴防尘口罩，以有效地保护作业人员免受各类伤害，避免各种生产事故的发生。

打桩加固作业用的钢筋龙骨通常是在构件加工区完成的。吊运时，现场吊运人员必须与司驾人员密切配合，防止吊运过程中发生挤压、磕碰等伤害事故。

现场指挥人员、监护人员及业主单位现场人员均须佩戴安全帽、配穿工装，系好工装纽扣或拉链，配穿防冲击工作鞋，允许根据个人情况或现场实际决定是否佩戴防护目镜（多数佩戴太阳镜），带好通信工具，并保持联络畅通。

（5）升压站场地平整作业涉及的主要设备是平整机械设备，平整设备在进入现场前必须认真检查设备的完好性和可靠性。

如果现场场地状况不理想，根据设计要求需要对场地进行石龙网铺设或打桩等加固作业。这类作业最大的危险在于石龙网铺设时可能会因作业人员之间协调有误或人员与施工机械协调有误，造成网笼对现场人员的伤害，石料可能对现场人员造成碾压等伤害。由于打桩作业的施工流程和方法较石龙网铺设要复杂，因此在基孔挖掘、钢筋敷设、钢筋绑扎、混凝土浇筑等作业过程中，需要有一整套的预防方案来保障现场人员的安全，这里既有“人—机对话”环境要求，也有“人—人对话”环境的协调要求，只有都达到协调，才能真正保证施工安全。

2.2.2 升压站主体厂房（主控楼）和无功补偿室施工

（1）升压站场地大多是削山平地或回填而成的。经过对平整出来的场地进行综合平衡，结合设备、装置等的实际应用条件，大多数风电场的主体厂房（主控楼）及主要设备通常布设在基础的区域，以确保设备的安全运行。

（2）施工区域内，须严格按施工进度，分阶段将相关物料运进对应区域，做到有序管理、有序施工。对物料的堆放方法必须规范，做到平稳可靠，防止由于物料堆放不正确或放置不妥发生设备、物料坍塌，引发设备损坏或设备、物料伤人或砸伤设备等事故。

（3）作业现场的起重机、吊车等大型设备，须严格按照事先编制好的作业指导书停放在指定位置，并在指定的作业区域内完成所规定的作业内容。有多台大型设备共同作业时，必须做好协调工作，防止因违反作业规程或未能有效协调而引发事故。

所有现场作业人员必须服从指挥，任何时候都不得站在吊臂之下。设备或物件起吊时，作业人员必须远离到吊臂和起吊物件半径之外，防止起吊过程中的任何刮碰或撞击甚至物件坠落而引发的人身伤害事故。

起吊现场必须设置指挥人员一名，并负责起吊指挥。允许适当配备辅助指挥人员，但必须明确：辅助人员不得参与指挥，仅起到在吊车司驾人员与现场指挥人员之间的沟通作用，以保证起吊作业的安全。

起吊司驾人员和现场指挥人员必须配备通信设备，并保证通信设备的完好性，保证联络畅通。

（4）升压站主体厂房（主控楼）和无功补偿室施工主要是厂房建造。升压站主体厂房以主控室为重点，大多按照两层半的布置方式建造（一楼设置开关室、蓄电池室、工具室等，中间为电缆夹层，上层设置控制室、二次保护柜等控制屏柜）。无功补偿室是专设的厂房，一般需要另建平房。现在也有以优化设计为基础，为今后少人或无人值守做准备的简约式升压站。该类站一般仅有一排房屋，电缆经电缆沟进入控制室，一、二次柜、蓄电池室分别布设，加上必要的工具室等。本文仍然基于较多的传统设计布设方式进行阐述。

由于厂房的建造需要搭建脚手架方可作业，因此必须明确规定，搭装脚手架时，仅允许使用脚手架专用材料，严禁使用承插式简易脚手架，以保证脚手架的搭建质量和施工人员的人身安全，保证厂房建设的施工安全。另外，厂房建造涉及钢模板夹固、钢筋绑扎与混凝土浇筑，这些作业都涉及高处作业，必须严格遵守GB 26860—2011《电力安全工作规程 发电厂和变电站电气部分》、GB 26859—2011《电力安全工作规程 电力线路部分》等标准的规定，须在脚手架外支撑安全网（包括平网、立网和密目网），防止人员高坠事故和物件高空坠落伤人事故的发生。同时，现场作业人员在登高作业中必须遵守高处作业安全要求的相关规定，尤其要配备和使用二次保护装置，以确保作业安全。

升压站厂房施工有一定的高度。按照 2m 以上为高处作业的安全作业规定，在底层施工时就必须架设脚手架，并敷设安全防护围栏、安全网、梯道等。

升压站架设的脚手架通常采用钢管脚手架。脚手架搭设必须严格按照 JQJ 130—2011《建筑施工扣件式钢管脚手架安全技术规范》和 GB 15831—2006《钢管脚手架扣件》规定的技术要求、技术参数、作业方法及安全防范措施执行。

1）进场的脚手架钢管、脚手板（不论何种材质的）、扣件等必须持有产品合格证。对进场的钢管、扣件、脚手板进行外观、外径、壁厚检查，不符合以下技术条件要求的一律退回，不得进场。

a. 钢管表面需平直光滑，无严重锈蚀、裂缝、孔洞、结疤、弯曲及压痕等缺陷。

b. 扣件须选用可锻铸铁或钢板压制而成的成品，具有生产合格证、生产许可证及经专业检测机构检测后出具的检测报告。

c. 脚手板有钢制板和竹制板两大类，就综合性能、安全系数等条件，建议采用钢板网片或竹串板（可能条件下建议尽可能选用竹串板）。

采用冲压钢板和钢板网制作的脚手板，其材质必须符合 GB/T 700—2006《碳素结构钢》中 Q235A 级钢的规定。板面挠度不得大于 12mm，且任何一角翘起都不得大于 5mm，不得有裂纹、开焊或硬弯。防锈漆基本完好。钢板网脚手板的网孔内切圆直径不小于 25mm。

采用竹材制成的竹脚手板包括竹胶合板、竹芭板和竹串片脚手板等，要求竹胶合板、竹芭板的宽度不得小于 600mm，竹胶合板厚度不小于 8mm，竹芭板厚度不小于 6mm，竹串片脚手板厚度不小于 50mm。严禁使用腐朽、发霉的竹脚手板。

木脚手板必须采用杉木或松木制成，材质必须符合 GB 20005—2003《木结构设计规范》中Ⅱ级材质的规定。板宽度不得小于 200mm，厚度不小于 50mm，两端必须用直径 4mm 镀锌钢丝各绑扎两道。

胶合脚手板必须选用 GB/T 9846.3—2004《胶合板 第 3 部分：普通胶合板通用技术要求》中Ⅱ类普通耐水胶合板，厚度不小于 18mm，底部木枋间距不大于 4mm，木枋与脚手架杆件必须用铅丝绑扎牢固，胶合板脚手板与木枋必须用钉子钉牢。

斜道板必须钉好横木条。严禁以圆木（杉槁）代替木板使用。

脚手板连接部分应错开，探头板长度不得超过 300mm。

在架台旁应有牢固的梯子供上下时使用，梯凳必须用直径 4mm 的铅丝绑牢，严禁使用钉子钉。架台荷载重量应明显标示，系挂在人上下的地方。严禁超荷承载。

高处作业随身使用的工具及材料必须置于封闭的工具袋中，使用时须特别注意，防止工具或材料跌落伤及下面人员。上下传递物件必须使用绳索，严禁上下抛掷。

作业现场如距输电线路较近时，必须严格遵守 GB 26859—2014 规定的安全距离，并适当再增加一定冗余量，允许根据施工设计要求和现场情况架设线路隔离安全支架或门框式安全作业隔离架，以保证施工安全。

架设脚手架之前，必须由工程设计部门编制脚手架施工方案，并严格按照设计施工方案执行。

2）运送脚手架用支架钢管、扣件、脚手板等物件时，严禁抛掷运送。仅允许使用吊车等起重设备运送，吊运的物件必须绑扎牢靠，配合吊运物件的地面作业人员在绑扎牢靠后必须迅速躲避到吊车悬臂与吊运物料旋转半径之外的安全地带，防止运送的物件和一旦发生吊车事故所吊的物件滑落时伤及现场人员。

由于脚手架采用的支架钢管、扣件、脚手板等物件都有一定的重量，在搬运时如二人配合搬运，则必须相互协调，防止搬运的物件跌落，继而可能砸伤作业人员。

传递脚手架用支架钢管、扣件、脚手板、工具等物件必须使用运输小车或其他安全的运输手段。搭建脚手架时的过程中，如欲向上运输脚手架、扣件、脚手板等物件，当吊运的物件已经超过当前脚手架架设的高度时，则必须使用临时吊运工具。如用吊车由高处吊运，则安全注意事项同前文所述。任何物件的搬运都必须将搬运件捆扎牢固方可进行搬运。无论物件大小，一律严禁抛掷，防止不当搬运导致人身伤害事故。

3）严格控制脚手架的荷载，按照技术规范要求，其最大荷载不得大于 270kg/m^2。使用中须坚持每日的例行检查与维护，以保证脚手架的牢固可靠。

4）脚手架的钢管立柱必须设置金属底座，由于风机基坑的地基较为松软，因此须为之垫木板或设扫地杆。

5）脚手架的立杆必须保证垂直，按照标准要求，其垂直偏斜不得超过高度的 1/200，且立杆间距不得超过 2m。

6）脚手架的两端、转角处及每隔 6～7 根立柱须设置剪刀撑与支杆。高度达到 7m 及以上无法设置支杆时，应在竖向每隔 4m、横向每隔 7m 与基坑基础连接牢固。

7）脚手架外侧、斜道、平台须敷设 1.05m 的防护栏。脚手架外侧须敷设由平网、立网及密目网组成的安全网，防止人员高处摔跌、物件坠落击伤人员等安全事故的发生。脚手架行走通道须铺设带防滑功能的行走道和梯道，一般采用竹串板为多。

脚手架所使用的安全网必须持有合格证。必须采用阻燃材料制成的密目网。安全网的密度须不低于 200 目/100mm^2。

8）在通道、扶梯处的脚手架横杆须加高加固，且不得阻碍通道通行。

9）挑式脚手架一般横杆步距控制在 1.2m，并须加设斜撑，斜撑与垂直面的夹角不得大于 30°。

10）为防止脚手架架子管受压弯曲，导致扣件从管头脱落，各杆件相交伸出端头均须大于 10cm。

11）搭建脚手架时，严禁同一垂直平面的上下同时进行脚手架搭建施工，防止可能发生的因工具、模板、支护件等发生坠落而引发人身伤害事故。

12）脚手架搭建完成后必须经过项目经理部联合监理、设计等单位与部门按照标准要求和升压站实际情况进行验收。验收合格必须签署书面验收合格报告，报告必须有验收人、部门及工程项目负责人签字。只有经验收合格的脚手架方才允许使用，进入下一步作业流程。

13）脚手架搭建前必须按照标准要求除对架子管、扣件进行检查外，还应对通道踏板（竹排或木板等）、铁丝等进行认真检查，如发现竹串板竹排腐烂或木板破损等情况，必须坚决报废，不得使用，更换新的材料。通道踏板铺设完成后同样必须经过验收，只有经验收合格并办理了相关验收手续后方可投入使用。

14）严禁将脚手架架设在任何不固定的构架上，防止脚手架坍塌引发安全事故。

15）脚手板和脚手架相互连接必须牢固。脚手板的两头均须放在横杆上，固定牢固，脚手板不得在跨度间有接头。

16）脚手板和斜道板在架子的横杆上必须铺满，确保人员行走安全。在斜道两边、斜道拐弯处及脚手架工作面的外侧，须架设 1m 高的栏杆，并在其下部架设不低于 18cm 高的挡护板，防止物件高处跌落引发事故，或人员发生高坠事故。

17）脚手架必须架设牢固的梯子，以供怎样人员上下和材料运送。使用起重装置起吊物件时，不得将起重装置的任何部件与脚手架的任何结构相连接。

18）脚手架和脚手板等必须每日安排现场相关人员进行检修，并建有完整的检查、检修记录，现场负责检修的责任人对检查合格的脚手架、脚手板检修情况记录必须书面签字。如有缺陷或其他问题，必须立即进行整修，做好整修记录，整修参与人与整修作业负责人书面签字，保证脚手架的安全可靠，合格可用。

19）严禁用非正规脚手架材料搭建脚手架。

20）不得在脚手架上私拉电线。确需安装临时照明线路时，必须通过项目经理部办理相关审批手续，按照批准的安装方案，在做好安全防护措施的前提下，规范安装施工。临时照明的架设必须遵循 JGJ 46—2005《施工现场临时用电安全技术规范》，以确保用电和现场施工安全。

21）钢管脚手架的管材不得有弯曲、破裂（含裂缝）、压扁等不合格管材，各个管材的连接部分完整无损，安装符合脚手架安装技术规范，以防止脚手架倾倒或位移，引发安全生产事故。

22）钢管脚手架的立杆必须垂直、平稳的放置于地面垫板上，放置垫板的地面必须坚实、平整，如地面不能满足要求，则必须进行地面夯实处理，以保证脚手架搭建和使用安全。立杆须套上柱座，柱座由支柱底板和焊接在底板上的管子（管径略大于脚手架钢管管径）制成。

23）钢管脚手架的接头必须用专用铰链相互搭接（搭接用铰链即适用于直角，也适用于锐角和用于斜撑等的钝角）。连接各个构件间的铰链螺栓必须拧紧。

24）脚手板必须固定在钢管脚手架的横梁上，并且必须保证固定牢固可靠，以此保证人员行走安全和经设计、监理、施工等管理部门同意并一致签署相应文件的暂时堆放少量材料时不发生坠落等一类事故。

25）检修或调整脚手架时，脚手架上的所有人员必须全部撤离到升压站施工区域的安全地带，远离升压站基坑基础、升压站设备、设施构架基础等需搭建脚手架的现场，防止脚手架检修作业时发生安全生产事故。如脚手架上人员未完全撤离至安全地带，则不得进行脚手架的检修或调整作业。

26）搭建脚手架是一项高处作业工程，具有一定的危险性。现场作业人员必须持有登高证，具有脚手架作业专业培训合格证书，且必须做好安全防护工作。

所有搭建脚手架的作业人员必须正确佩戴安全帽，身穿工装，系好纽扣或拉好拉链，系好袖扣，配穿防冲击工作鞋，必须戴耐磨防冲击工作手套，必须佩戴防击打护目镜，必须佩戴配穿全套防高坠装具，其中全身式安全带应为风电专用防高坠安全带。作业时，必须将二次保护绳、限位绳等二次保护器具采用高挂低用的方法系挂在牢靠的系挂点上（脚手架搭建作业指导书应有明确的注明及附图），防止高坠事故的发生。作业用紧固工具等随身工具必须放置于密封的随身工具包中，防止工具由包中滑落高坠伤及下面人员，引发事故。

27）升压站搭建脚手架涉及的环境和要件主要是人、吊车、搭建用材、厂房基础情况和外界天气。这些“环境”要素的安全条件大体应该是：“人—人”“人—机”“机—机”“人—环”“机—环”等几部分。

“人—人”的“环境”条件就是作业人员在作业过程中的相互协调配合，以团队的安全意识来有效地防止和避免作业事故的发生。

“人—机”的环境要求：一方面，要求作业人员具有较强的安全意识和安全防范能力；另一方面，对于作为“机”的吊车、搭建用材等设备、部件等，要求吊车等设备完好，搭建用材、部件等符合相关标准的要求。另外，搬运时遵照作业指导书规范执行，吊运时服从指挥，保证“人—机”环境的安全。

“机—机”环境主要是要求设备与用材之间的相互适应，简单讲就是吊运时必须保证吊运安全。

“人—环”环境较为复杂，在风机基础建设阶段，施工主要是“看天吃饭”。必须明确规定，一旦遇有恶劣天气，就必须停止作业。在一些较差的天气条件下，比如下雨、刮风等，“人”必须适应外界环境的变化，严格地执行天气条件作业要求的规定，该停的必须停，可以有条件施工的则按规定进行允许的施工项目和内容，不以工期为前提，真正把“安全第一”放在首位。

“机—环”环境的安全要求主要就是“机”要适应“环”。天气恶劣必须停止作业，车辆撤离现场，以防止事故的发生。

（5）升压站施工现场需要进行焊接等动火作业时，必须依据作业指导书的要求，首先征得现场技术负责人的书面同意。焊机等设备必须可靠接地，不得采用缠绕、搭接等错误方式接地，防止因错误的接地方式而引发事故。另外，还需采取和完善必要的预防保护措施，特别需要强调消防器材应配备到位，急救卫生包必须配置齐全，作业须设监护人。焊接或动火作业安全要求参见“2.1.1.2（2）中4）焊接（割）加工”对焊接（割）作业规定的安全要求。

（6）现场施工配用的所有临时电源必须采取可靠的安全措施，按照JGJ 46—2005《施工现场临时用电安全技术规范》的规定执行。

（7）接地网严格按照设计规定的方法和技术参数进行地网施工，并将接地扁铁焊接在接地基础上。动用焊机进行焊接作业，事先须编制相关的作业指导书，明确规定焊接作业的安全防范措施，焊接现场备有必要的灭火设施，焊接用电按照JGJ 46—2005《施工现场临时用电安全技术规范》的规定执行，并必须符合临时用电管理要求。焊接或动火作业安全要求参见“2.1.1.2（2）中4）焊接（割）加工”对焊接（割）作业规定的安全要求。

（8）凡动用切割机、砂轮机、电动工具等转动机械的作业，用电必须按照JGJ 46—2005《施工现场临时用电安全技术规范》的规定执行，并必须符合临时用电管理要求。

（9）升压站主体厂房（主控楼）和无功补偿室施工区域内不允许任何无关人员滞留。

（10）升压站主体厂房（主控楼）和无功补偿室施工的安全防

范，除了对相应设备采取的安全防范措施，还应着重强调现场人员的安全防护。

（11）升压站主体厂房（主控楼）和无功补偿室施工主要涉及吊车作业、脚手架搭建作业、焊接作业以及动用电动工具作业等，应当针对这些不同的作业内容分别提出对作业人员的安全防护要求。

一般现场人员必须佩戴安全帽、配穿工装、系好工装纽扣或拉链，扣好袖扣，配穿防滑防冲击工作鞋，佩戴耐磨工作手套，佩戴防冲击目镜。

吊车司驾人员在作业过程中必须佩戴安全帽（允许在驾驶室内作业时摘除安全帽，但一旦离开驾驶室，则必须立即佩戴），身穿工装，系好纽扣或拉好拉链，配穿耐油防冲击工作鞋，一般要求作业时佩戴工作手套，允许根据个人情况或现场实际决定是否佩戴防护目镜（多数佩戴太阳镜）。根据现场情况和施工需要，如需要通过通信工具协调指挥作业的，必须带好通信工具，并保持联络畅通。

钢筋绑扎作业人员、脚手架作业人员、混凝土振捣器作业人员除必须配穿、配用常用的个人安全防护装具外，还应分别按照相应作业的特殊要求进行安全防护。

所有特种作业的作业人员都必须具有对应的资质证书，持证上岗，并明确知晓现场安全措施、防范要点、安全通道、紧急预案等。

所有特种作业人员的安全防护装具除通用部分外，还应针对具体参与的作业内容佩戴、配穿相应的安全防护装具。

转动机械作业必须依照相关作业指导书执行，作业人员除配备常用的个人防护装备外，还应突出强调：作业人员作业时严禁戴手套。采用切割机、砂轮机、电动工具等转动机械进行作业的安全要求参见“2.1.1.2（2）中 3）使用小型手动电动工具进行加工”中提出的安全要求。

现场作业人员在登高作业中必须遵守高处作业安全要求的相关规定，尤其要配备和使用二次保护装置，以确保作业安全。有关脚手架搭建与安全网敷设的安全要求已在（4）中阐述。

（12）升压站主体厂房（主控楼）和无功补偿室施工作业环境的控制除了“人—机对话”环境、“人—人对话”环境的协调外，侧重于对自然环境的要求。

一般而言，升压站主体厂房（主控楼）和无功补偿室的施工环境在选址、设计等阶段都有综合的考虑，相对环境条件会较好，要求较低，应该注意的是恶劣天气条件下的施工安全。在事先编制各种天气情况对应的施工方案的同时，还应密切关注天气变化，及时调整施工方案和施工条件，不得以进度为唯一条件，以保证施工作业安全。

2.2.3 主变压器基础施工

主变压器基础施工的主要内容是主变压器基础座的建造。由于风电场升压站主变压器容量较小，一般不用引入主变压器轨道，因此施工相对简单。主变压器积油池工程难度也较小，危险系数均较小。由于主变吸油池通常深度在 4～5m，开挖时，应特别注意防止池边坍塌伤人。另外，由于有一定的深度，如吸油池设计深度超过 2m，则在修建时须搭建脚手架、支撑模板，因此必须做好搭建脚手架、支撑模板和防高坠事故的安全措施。而消防隔火墙因其有一定的高度（通常与主变压器高压套管平齐），且仅为一面坡薄墙，施工时需要搭建脚手架，也需要进行钢筋绑扎、模板支护、混凝土浇筑和振捣等作业，具有一定的危险性，因此必须提出专门的安全要求。比如，脚手架与模板搭拆时的安全防护，安全走道的自身安全问题，混凝土浇筑与振捣作业时包括振捣用电安全及安全防护等在内的一系列安全要求等。此类安全要求参见“2.1.2.5 基坑模板施工”、“2.1.2.6 基坑钢筋施工”、“2.1.2.9 基坑混凝土浇筑施工”以及“2.2.2 升压站主体厂房（主控楼）和无功补偿室施工”等小节中提出的对应的安全要求。

由于吸油池中要铺放吸油鹅卵石，进行铺放作业时，须采取一定的安全措施，防止鹅卵石击打吸油池内现场作业人员腿脚部，引发伤害事故。

主变压器基础施工人员必须佩戴安全帽、配穿工装、系好工装纽扣或拉链，扣好袖扣，配穿防滑防冲击工作鞋，允许佩戴耐磨工作手套，佩戴防冲击目镜。

脚手架与模板搭拆作业要使用吊车，吊车作业必须遵守前文所述的安全要求。司驾人员在作业过程中，必须佩戴安全帽（允许在驾驶室内作业时摘除安全帽，但一旦离开驾驶室，则必须立即佩戴），身穿工装，系好纽扣或拉好拉链，配穿耐油防冲击工作鞋，一般要求作业时佩戴工作手套，允许根据个人情况或现场实际决定是否佩戴防护目镜（多数佩戴太阳镜）。根据现场情况和施工需要，如需要通过通信工具协调指挥作业的，必须带好通信工具，并保持联络畅通。

钢筋绑扎作业人员、脚手架和模板搭拆作业人员、混凝土振捣器作业人员除必须配穿、配用常用的个人安全防护装具外，还应按照相应作业的特殊要求进行安全防护。登高作业人员必须持有登高证等资质证书，持证上岗。登高作业必须配穿防高坠安全装具，并按规定做好二次保护。

所有特种作业的作业人员必须具有对应的资质证书，持证上岗，并明确知晓现场安全措施、防范要点、安全通道、紧急预案等。

主变压器基础施工的环境条件要求与普通工业厂房建造类似，对于风电场而言，除了建立良好的“人—机对话”环境、“人—人对话”环境外，还应侧重于对自然环境的要求。主变压器基础施工时，如遇恶劣天气，应该停工或暂缓施工，以保证人员安全和施工工程安全。由于主变消防隔火墙薄而高，建造时应加强支护防护，保证建造质量。

2.2.4 室外 GIS 构架施工或断路器、隔离开关、接地刀闸、TA、TV、避雷器、母线等的构架施工

室外 GIS 构架施工或断路器、隔离开关、接地刀闸、TA、TV、避雷器、母线等的构架施工总体难度不大，但是，由于此类施工有一定的高度并需经过钢筋绑扎、混凝土浇筑和振捣等作业流程，故此类构架施工的安全要求基本上和主变压器基础施工相似，绝不可以因为构架作业简单而忽视必需的安全防护。此类施工的安全要求参见“2.1.2.5 基坑模板施工”、“2.1.2.6 基坑钢筋施工”、“2.1.2.9 基坑混凝土浇筑施工”以及“2.2.2 升压站主体厂房（主控楼）和无功补偿室施工”等小节中提出的对应的安全要求。

现场人员必须佩戴安全帽、配穿工装、系好工装纽扣或拉链，扣好袖扣，配穿防滑防冲击工作鞋，允许佩戴耐磨工作手套，佩戴防冲击目镜。允许吊车司驾人员和指挥人员根据现场天气情况佩戴防晒护目镜。

登高作业人员必须具有登高证等资质证书，持证上岗。登高作业必须配穿防高坠安全装具，并按规定做好二次保护。钢筋绑扎作业人员、脚手架和模板搭拆作业人员、混凝土振捣器作业人员除必须配穿、配用常用的个人安全防护装具外，还应按照相应作业的特殊要求进行安全防护。所有特种作业的作业人员必须具有对应的资质证书，持证上岗，并明确知晓现场安全措施、防范要点、安全通道、紧急预案等。

所有特种作业人员除配备常用的安全防护装具外，还应针对具体参与的作业内容佩戴、配穿相应的安全防护装具。

室外设备构架施工的环境要求与“2.2.3 主变基础施工”提出

的安全要求基本相同。

2.2.5 消防水池施工

消防水池施工是风电场必需的施工项目，是安全防护的重要一环。消防水池施工中，挖掘机作业时，必须采取相应的防范措施，防止挖掘机发生前倾、后翻及侧翻等事故。另外，目前有的风电场升压站采用配备足够的灭火器材的方法和优化升压站设计等手段，不再专门配设消防水池，免去了该项项目施工。

消防水池一般呈脸盆型，并在底部用“三合土”垫实，避免渗水。整个水池四周及底部均用毛石堆砌，既加固了水池，也可有效防止水池渗水。施工中，“三合土”垫实需要用夯实机夯实。使用夯实机具有一定的危险性，须加以防范，避免引发事故。

毛石运载一般使用自卸式卡车，由采石场装载机装运。机械装卸时，应注意装载机与自卸卡车的配合，地面应有专人指挥，防止引发事故。卸车时，虽然可以自动卸载，但也须配有专人指挥，按照指挥指定的地点停车，仔细观察，在确认车辆周围和卸车范围内无人员后，在指挥的指挥下卸车，以安全有效的方式防止因卸车防护不当而引发毛石挤压伤害现场人员。运载与装卸应有施工方案，其中须明确运载与装卸的安全防范措施。

堆砌毛石施工是一件重体力工作，作业中，参与堆砌作业的人员尤其须防范毛石伤人事故的发生。单块毛石虽然不会很重，但人工搬运时仍极易挤压伤害作业人员。因此，作业人员相互配合需协调，不允许弯腰抱石搬运，必须用小车或其他搬运工具搬运，防止发生人员腰部损伤和毛石砸伤人员等事故。

防止挖掘机发生前倾、后翻及侧翻等事故的基本要求以及挖掘机司驾人员的安全防护参见“2.1.2.2 基坑土石方开挖施工”中的安全防护要求。

使用夯实机作业人员的安全防护参见“2.1.2.10 土石方回填施

工”中的安全防护要求。

挖掘机、装载机等机械设备司驾人员必须持有有效司驾证件，并在工程承包单位备案，留有档案记录，坚持持证上岗。严禁无证人员私自司驾机械进行作业。在作业过程中，司驾人员必须佩戴安全帽（允许在驾驶室内作业时摘除安全帽，但一旦离开驾驶室，则必须立即佩戴），身穿工装，系好纽扣或拉好拉链，配穿耐油防冲击工作鞋，一般要求作业时佩戴工作手套，允许根据个人情况或现场实际决定是否佩戴防护目镜（多数佩戴太阳镜）。

现场人员必须佩戴安全帽、配穿工装、系好工装纽扣或拉链，扣好袖扣，配穿防滑防冲击工作鞋，允许佩戴耐磨工作手套，佩戴防冲击护目镜。

消防水池施工的作业环境大致分为“人—机对话”环境、“人—人对话”环境、“机—机对话”环境和“环—管对话”环境四大块。在保证“人—机对话”环境、“人—人对话”环境、“机—机对话”环境的前提下，“环—管对话”就是要密切关注自然环境、天气变化等外界客观条件。当客观环境发生变化时，应及时调整施工方案；当恶劣天气来临时，必要时应坚决停工，以有利于工程进展和现场人员安全为中心，保证施工项目的顺利进行。

2.2.6 电缆沟槽施工

电缆沟槽在升压站是必不可少的设施，一般由挖掘机开挖、人工堆砌而成，因此，在开挖完成后，需要对沟槽加以支撑，防止因沟槽坍塌而导致伤人事故的发生。堆砌时，作业人员应随时注意沟槽情况，提防塌方和避免磕碰损伤。

电缆沟槽施工，作业的安全要求与消防水池施工作业的安全防护基本相同。

电缆沟槽施工时要架设电缆敷设支架，一般使用角钢作为支架的材料。在电缆沟槽施工中，需将电缆支架敷设在电缆沟槽的一定高度上，并加以固定。由于支架不是横架在电缆沟槽的两边，而是一端固定在电缆沟槽的一侧，另一端带有一定的角度斜撑在电缆沟槽中，因此，斜撑的支架一端对于现场施工人员就有一定的危险性，必须认真加以防范，以免支架斜撑端伤及人员。

现场人员必须佩戴安全帽、配穿工装、系好工装纽扣或拉链，扣好袖扣，配穿防滑防冲击工作鞋，允许佩戴耐磨工作手套。

电缆沟槽施工在升压站工程中是一个较小的施工项目，相对来说，环境条件要求较低。作业人员之间应相互协调配合，防止磕碰或摔跌损伤。自然环境条件较易掌握，当天气变化或电缆沟槽发生异常时，应及时撤离，待处理完毕后再继续施工。

2.2.7 生活区施工

由于升压站占地通常为削山平地或围海（湖、河）而成的场地，生活区一般都布设在升压站场地较为边缘的地方，边坡面积或淤泥沉积较多，因此，在山区建造生活区时，边坡护坡堤构筑须达到建房标准，而在湿地上建造生活区时，则应对地基做处理，以保证房屋基础的坚实。建筑房屋的安全要求基本与主厂房施工相同，要求等级允许在安全的前提下略有降低。

由于一般办公和生活用房为二层或三层楼房，也需要搭建脚手架、绑扎钢筋、搭接模板等，其安全防范要求与主厂房建造施工相同。人员的安全防护要求也与主厂房建造时人员的防护要求相同。

风电场生活区是永久性建筑物，这是和临时生活区域建造根本上的区别，但建造施工的安全要求、设备投入与使用安全、环境条件、管理要素等基本等同于临时生活区域。这部分内容可参见“2.1.1.2（3）临时生活区布设”涉及的具体内容。

2.3 风电场线路施工的安全要求

风电场集电线路可以用架空线方式连接，也可以用电缆方式连接，或者采用电缆与架空线混合方式连接。多数风电场采用混合方式连接，即风力发电机与升压箱式变压器之间、升压箱式变压器与输电主干线之间选用电缆方式，输电主干线则多以架空线方式输送电能。在滨海地区，因环境条件的制约，若不适宜或不允许采用架空线方式的，则采用全电缆输送方式。本文侧重阐述多数风电场输送电能采用的架空线方式。这里仅就风力发电机与升压箱式变压器之间、升压箱式变压器与输电主干线之间的电缆输送的安全要求进行阐述。

2.3.1 传输电缆施工

（1）发电机发出的电能通过电缆输送到风机箱式变压器。有的风机机舱内布设有箱式变压器，即在机舱内就通过电缆将电能输送到箱式变压器上了。有的箱式变压器布设在塔筒基础上，则发电机的电能通过布设在沿塔筒壁上的电缆输送到箱式变压器上。有的箱式变压器布设在塔筒外部靠近塔筒的地方，则发电机的电能通过布设在沿塔筒壁上的电缆和预埋在塔筒基础下的传输管道内的电缆输送到箱式变压器上。

不论哪种传输方法，传输距离均相对较短。传输管道包括高压传输和二次保护及数据传输。一般来说，高压电缆采用直接掩埋的方法敷设，二次控制电缆采用套管保护的方法敷设。传输电缆施工的关键在于风机基础土建施工时的预埋管道的施工质量，必须要求在预埋件施工中既保证施工质量，又要防止预埋件的毛刺、破口、搬运等作业伤及人员，构成事故。

电缆敷设必须严格按照电缆敷设作业指导书进行，电缆头制作必须严格按照规范。现场设置作业负责人，通常兼任现场指挥。

现场电缆施工是指电缆头制作，现在主要采用冷缩方式，故一般无需动用喷灯等动火作业，但一旦用上喷灯之类的带火器具，则动火作业都必须持有动火工作票，作业前对动火现场进行清理，并采取必要的防火措施，且现场必须备有足够的消防器材。

必须正确使用工器具，严禁电缆拖拉过快。作业人员必须协调一致，服从指挥，相互配合，规范操作，避免由于材料、机械等拖运不当而引发压伤、碰伤等人身伤害事故。

在涂刷电缆防腐漆时，应当采取必要的防护措施，比如作业人员佩戴防毒口罩和防护目镜等，避免挥发性气体对口鼻的伤害。

必须按设计规范敷设电缆，配备合理的敷设人员，坚持分段指挥，严格控制敷设质量。敷设时，坚持同一路径电缆一批敷设完成，按照先长后短、先上后下、先内后外的正确次序敷设。敷设一根及时整理绑扎固定一根，排列整齐，现场要增加中间验收环节，发现敷设不合格的立即整改，以保证敷设质量。

敷设电缆时，必须使用临时电缆标识，待到电缆敷设全部完成后再换上正式的电缆牌，严禁电缆标识不清、字迹模糊，避免由此引发电缆接线错误，继而导致事故的发生。

接地体（线）焊接长度必须足够，且接地必须可靠。要加强接地焊接质量的检查，接地体采用搭接焊，搭接长度必须满足规程规定的要求。

电缆做头也是重点之一。电缆做头时，开电缆必须十分谨慎，严禁损伤电缆芯线。开电缆头时必须使用专用工具，对不同型号的电缆在开线剥皮前应进行试剥，以此调整剥切深度，保证剥切质量。

（2）传输电缆现场施工人员的基本安全要求包括：必须佩戴安全帽、配穿工装、系好工装纽扣或拉链，扣好袖扣，配穿防滑防冲击工作鞋，佩戴耐磨防切割工作手套，佩戴防冲击目镜。

所有特种作业的作业人员必须具有对应的资质证书，持证上岗，并明确知晓现场安全措施、防范要点、安全通道、紧急预案等。

所有特种作业人员除配备常用的安全防护装具外，还应针对具体参与的作业内容佩戴、配穿相应的安全防护装具。

2.3.2 架空线路施工

风电场架空线路一般分为 2 部分：一部分是由箱变将风机发电机发出的 690V（620V）升压至 35kV 后送往升压站的集电线路；另一部分是由升压站升压至 110kV 或 220kV 后经送出线路送至电网公司指定的变电站的送电线路，由此风电机组发出的电进入公共电网。

架空线路线杆施工的安全要求遵循 GB 26859—2011 和电力架空线路施工规范的要求和规定执行，严防施工中发生倒塔、高坠等恶性事故。

线路施工是按设计部门的图纸进行埋杆架线或组塔架线的过程。风电场由风机箱变到升压站架空线路一般采用标准水泥杆架设输电线路，而由升压站到公共电网的指定变电站则采用铁塔架设输电线路为多。

2.3.2.1 水泥杆输电线路的架设

水泥杆输电线路架设的主要作业内容包括：打洞——立杆——架线。

在施工过程中，打洞时，应防止由于土质疏松或流沙等地质状况导致的杆洞坍塌，这时一般需加护土板来支撑。如遇岩石地质，则需爆破。打炮眼时，掌锤人与扶钎人必须密切配合，掌锤人一定要站在扶钎人的左侧或右侧，严禁面对面作业。放炮时，必须由有经验的人员执行。作业前，应对所有参与爆破作业的人员进行专项安全教育，以保证作业安全。

土石方爆破时，打眼、装药、放炮等须有严密的组织方案，执行严格的安全检查制度。

装药作业严禁使用铁器，带雷管的药包须轻塞，严禁重击，严禁边打眼边装药。放炮前须明确规定警戒时间、范围及信号，只有现场人员全部避入安全地带方准起爆。所有爆破材料必须按照规定由专人负责储存、保管、发放，并建有台账。爆破现场必须有专人指挥，项目负责人必须到场。遇有瞎炮等特殊情况，必须按照事先的预案指派专业人员负责处理，其他人员不得进入险区。凡是起爆作业，必须事先编制作业方案，并经项目经理部批准，项目负责人发布。起爆区域的周边一定范围须加以框围，悬挂安全警示标识牌，设置专人进行安全监护。

立杆需由有经验的人员负责，做到组织、分工明确现场人员服从统一指挥又各负其责。立杆工具事先必须经过检查，合格可用。立杆时，非现场作业人员不得进入现场，设专人进行监护，确保安全；立杆未回填夯实前不得上杆作业。登杆前，必须先检查电杆根部是否坚固，如有异常必须立即处理，待处理完后方可登杆。使用吊车立杆，钢丝绳须拴挂在电杆的适当部位，以防“打前沉”，重心失衡，吊车位置须停置正确、平稳，防止吊车侧倾或翻车，造成事故。

登杆架线的登高要求与风电场的登高要求相同，同时还应注意，登杆前须检查杆根，只允许在牢固的电杆上进行登杆作业。登杆前，作业人员必须做好个人安全防护。利用上杆钉登杆的必须检查上杆钉是否牢固。在同一电杆上不得二人同时上下。登杆后必须将二次保护绳系挂在杆体上部。杆上作业时，杆下一定范围内不得有人滞留，必要时，应设安全围栏加以框围。高处作业时使用材料须放置稳妥，所用工具须随手放入工具袋中，防止坠落伤人。笨重的材料、工具必须经吊绳传递上下，且传递时，拴系必须牢靠，严禁抛掷传递工具或材料。紧拉线时，杆上不得有人，仅允许拉紧稳妥后再登杆作业。遇有恶劣天气（风速大于等于 10m/s），不得继续高空、起重和打桩作业；遇雷雨天气，严禁杆上作业，已在杆上的必须立即下杆，并不得在杆下站立，雨后上杆须小心谨慎，以防下滑。

2.3.2.2 铁塔输电线路的架设

铁塔输电线路的架设主要包括地脚预埋——基础浇筑——接地敷设——铁塔组立——架线与附件安装等。

接地预埋作业、基础浇筑与基坑接地预埋和基坑基础浇筑的安全要求基本相同，差异在于工程大小。接地敷设时，人工挖掘接地沟，遇有岩石地段则需使用空压机打孔，采取松动爆破方式开挖，再经人工分层夯实回填等程序完成作业。岩石打孔、松动爆破等安全要求较为严格。其中，空压机提供的压缩空气经冲击锤对岩石破损再开挖，作业过程中，空压机、冲击锤作业都有一定的危险性，作业前要认真检查空压机、冲击锤的完好性，编制作业指导书，作业人员佩戴、配穿个人安全防护装具、耳部防护装具和眼部防护装具。

爆破作业的安全要求与水泥杆遇岩石时的爆破作业相同。人工分层夯实回填作业的安全要求与基坑回填夯实作业相同。

基础完成后进行组塔作业。组塔通常采用抱杆和绞磨机结合使用的方法将事先在地面完成的塔材组装部件逐步搭接上位，最终完成组塔作业。组塔过程中，由于塔材具有一定的重量，抱杆的使用要具备一定的技能技巧，绞磨机的操作要有较为丰富的实际作业经验。抱杆、绞磨机使用、塔材部件地面组装等都具有一定的危险性，必须事先编制作业指导书，并对设备进行详尽的检查，保证设备的完好性。使用过程中，须设置技能技巧较好、富有作业经验的专人负责，同时须设置监护人员。当组塔达到一定高度后，应使用通信工具保持地面与塔上的联系，保证作业的协调性。现场设置统一的指挥，确保组塔作业的安全。

铁塔架线施工与水泥杆架线施工的安全要求基本相同，但由于风电场通常用于铁塔输电线路传输的电压等级高于水泥杆，因此，安全要求也高于水泥杆。而且，铁塔线路结构较水泥杆要复杂许多，安装作业的难度也比水泥杆高，首先要防范的是高坠事故。另外，两者使用的工具不同，安全防护也必须到位。为此，除了个人安全防护装具之外，还应针对作业内容的差异配备必要的安全防护装具，以避免事故的发生。

2.3.3 架线施工人员的安全防护

所有架线施工参与人员均必须佩戴安全帽、配穿工装、系好工装纽扣或拉链，扣好袖扣，配穿防滑防冲击工作鞋，佩戴耐磨工作手套，佩戴防冲击目镜。

登高作业人员必须具有登高证等资质证书，持证上岗。登高作业必须配穿防高坠安全装具，并按规定做好二次保护。

线架组建，需用焊接等作业时，焊接作业人员的安全防护参见 2.1.1.2（2）中“4）焊接（割）加工”中提出的安全要求。

所有特种作业的作业人员必须具有对应的资质证书，持证上岗，并明确知晓现场安全措施、防范要点、安全通道、紧急预案等。

所有特种作业人员除配备常用的安全防护装具外，还应针对具体参与的作业内容佩戴、配穿相应的安全防护装具。

2.3.4 架线施工的环境要求

线路架设施工分为水泥杆架设和铁塔架设两大类。就大环境的安全要求而言，任何一类都涉及“人—机对话”环境、“人—人对话”环境、“机—机对话”环境和“环—管对话”环境。

由于风电场大多处于偏僻地区，自然环境较为恶劣，相应地，线路作业环境也较差，因此更应注重做好安全防护工作。

低压输送用的水泥杆线路施工的主要流程为：打洞——立杆——架线。在打洞时，天气的瞬息万变对打洞施工影响较大，应该结合风电场所在地的天气情况和当时情况对打洞施工的进度进行随时的调整，恶劣天气时应该坚决停止作业，以保证作业人员人身安全。立杆时，一般由吊车与现场作业人员配合完成，在作业过程中，除了注意“人—机对话”环境、“人—人对话”环境的协调外，应该特别注意“环—管对话”环境。立杆时，一旦天气发生异常，必须立即放倒线杆，停止作业，直到天气好转，以避免施工事故的发生。架线作业在电力行业是极为常见的作业内容之一，但并不能因此而掉以轻心，仍然要高度重视作业安全。当现场风速大于等于 10m/s 时，必须停止架线施工，人员撤离现场。遇有严重风雨雪雾等恶劣天气，同样需停止架线作业，等待天气好转再继续作业。

铁塔架设作业时，“人—人对话”环境的重点在于要保证现场作业人员之间的作业协调和服从指挥，这是保证铁塔组塔和架线的基本安全条件。作业前，必须对现场作业人员就作业安全进行详尽的安全交底，必要时，可以以安全承诺书的书面形式加以管理。

铁塔组建使用的主要器具是扒杆和绞磨机。事先应检查扒杆和绞磨机的完好性，按照相关规定对扒杆和绞磨机应定期进行试验，仅允许经过试验合格且在有效期内的扒杆和绞磨机用于现场作业。在现场使用中，应当十分注重设备的协调与配合，创造较好的“机—机对话”环境，防止设备协调失误引发的安全事故。铁塔架线作业和其他架线相同，架线时要使用到一些架线器具，现场使用的这些器具的安全要求也与其他架线作业相同。重点在于要保证器具的完好性，使用时保证相互协调，避免引发事故。

“人—机对话”环境针对的就是作业人员与现场设备的关系。铁塔组建使用的扒杆、绞磨机等设备比较笨重，作业时需要十分谨慎和细心方能避免其对人员的磕碰、挤压等伤害。架线时，架线器具与放线的协调配合是保证架线施工安全的基本保障，必须事先编制架线施工方案，并严格按照作业指导书执行。

在落实各项安全作业的基本条件后，重要的就是“环—管对话”环境。在施工作业过程中，要随时关注天气变化，根据天气变化的具体情况决定作业内容以及是否可以进行作业。自然环境中，除非出现极端自然条件，比如地震、山体滑坡、泥石流等，一般自然环境的变化对铁塔组建和架线施工影响不大，因为在风电场前期的勘探和设计阶段已进行了详尽的实地勘察和设计上的选择、平衡，种种条件均已充分考虑并已加以解决。

3 风电场设备安装

风电场土建施工阶段结束之后即进入到设备安装阶段。风电场的设备安装主要包括风机设备和升压站设备的安装。由于风电场升压站设备安装的作业项目、风险与危险源的分析辨识、安全与防范要求等和变电站设备的安装基本上相似，可以利用和参考已有的变电站设备安装作业风险、危险源分析辨识和安全防范要求，再结合风电场设备安装作业特点，经过一定整合和修改，提出具体的符合风电场现场实际的安全防范要求和管理文件，故本文将侧重阐述风电场风机设备现场安装作业的风险辨识与安全防范措施。

由于风机设备安装作业涉及面较广，作业范围大，人员较多，突发情况较多，因此作业安全较难控制。设备安装中风险较高的作业主要涉及吊装、安装、导向绳（也称拉绳、风绳）牵引、登高作业等。以最常见的 50MW 级别风电场使用 1.5MW 机组为例，需要建设 33 台风力发电机组，风机分布较散，滩涂地区一般在几平方公里到十几平方公里范围，山区则要视风电场所处环境而定，通常在十几平方公里到几十平方公里；而且，兆瓦级别风力发电机组风塔的高度一般在 60～90m，随着大容量机组的日臻成熟与量产、投运，风机叶片旋转直径已达 120m 及以上，风塔高度也随之升高，有的已达 137m；另外，风机主要部件质量在几吨到几十吨之间。以上这些都给人员的人身安全和设备安全带来了挑战。以下将详细介绍风力发电机组设备现场安装作业及其危险源分析、辨识，以及应采取的相应安全防范措施。

风机设备现场安装作业主要包括风机塔筒吊装、机舱吊装、叶片与轮毂的组装以及叶轮整体吊装等。

3.1 风机设备安装的基本条件及安全要求

3.1.1 风机设备安装的基本条件

风机设备现场安装要求具备一定的客观条件。

（1）基础施工完成并经验收合格后，方可逐一进入风机的塔筒吊装、机舱吊装、叶片与轮毂的组对以及整体吊装等作业。

塔筒、风机、叶片、轮毂吊装前，安装施工单位必须按照工作程序要求将所需的各施工材料上报监理单位，由监理单位进行严格审批，经审批后进入安装施工阶段。

安装施工单位必须将施工机械种类、数量、机械状况，参与施工的各类工种人员真实情况上报业主和监理单位备案。

（2）必须配备符合作业方案要求的运输车辆和吊车司驾人员及其引导或辅助人员、指挥人员、安装人员、专职安全员、监理人员等，且凡是对岗位有资质要求的均必须持有效证照上岗。

（3）通常而言，大吨位吊车是必备的起重吊运设备。一般风机设备安装现场要求至少有 2 台大型起重吊车，可以是 500t 级或 600t 级履带吊和 70t 级汽车吊各 1 台。有条件的业主或施工承包单位也可租赁 1 台 120t 左右的吊车专门用于卸货。

（4）在现场安装作业正式开始之前，必须依据风机设计和安装位置分布图对风机基础周围场地进行认真检查。每基风机周围的场地必须平整，具备足够的主吊车、副吊车及配合作业车辆的工作停车位，且场地必须满足以上车辆安全作业的需要。通常要求吊车必须泊于坚实地面，为了保证安全起见，最好要求高吨位履带式吊车（500t 级及以上）必须置于垫铺路基板或路基箱上。同时，现场场地大小还需满足叶片、轮毂摆放和组装的要求，并设置专门的风机机舱摆放位置。现场部件摆放位置可参考图 3–1（也可以根据吊车的起重量及回转半径来确定，但必须注意轮毂吊耳的位置）。

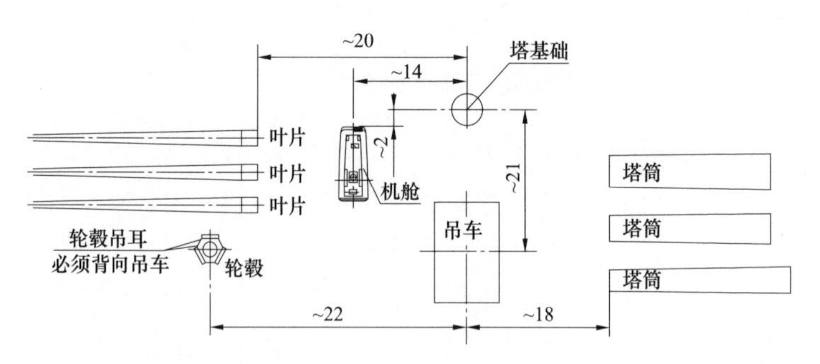

图 3–1　风机安装现场部件摆放示例（单位：m）

（5）安装现场道路的最小工作宽度必须满足风机安装的基本要求（依据各风机生产单位和叶片生产单位的产品使用说明书而定）。一般进场道路有效宽度不应小于 6m，急转弯和斜坡处的有效宽度不应小于 8m（道路的典型弯曲度为 180°）。道路的转弯半径不应小于 50m，道路坡度不大于 8%。车辆轮胎与道路软路（土）基距离必须大于 1m。进场道路须平整、压实。在无法满足上述道路条件而致使物件运输车辆无法正常进入风机机位现场的情况下，施工承包单位须负责使用牵引将车辆拖至风机机位。

（6）在开始安装风塔之前，风机塔筒、机舱、叶片及轮毂等设备及部件应该由部件生产厂家根据合同约定已经运送到风电场的临时设备存储仓库（临时存储仓库通常设在风电场升压站施工场地的附近）。根据风塔安装的工期安排，施工单位再将塔筒、机舱、叶片及轮毂等设备及部件按时运送到风塔安装现场。

3.1.2　风机设备安装的安全要求

（1）现场司驾人员必须身穿工装，工装必须系好纽扣或拉好拉链、系好袖扣。进入驾驶室前必须佩戴安全帽，但允许进入驾驶室后暂时性摘除，一旦离开驾驶室必须重新佩戴。佩戴工作手套，以有防滑耐磨功能的为佳。配穿防滑耐磨耐油工作鞋。由于作业基本上在野外，允许司驾人员根据各自情况自行决定是否佩戴防日晒防紫外线的护目镜。应该根据机械设备的噪声情况决定是否佩戴耳部防护装具。现场起吊车辆司驾人员必须配备通信器材，并保证通信器材完好，通信畅通。所有司驾人员必须具备资质证书并在项目经理部备案。

凡是直接参与起重作业的现场配合作业人员都必须持有起重资质证件，并在承包单位相关部门留有备案。

现场配合作业的人员必须佩戴安全帽。必须身穿工装，工装必须系好纽扣或拉好拉链、系好袖扣。佩戴工作手套。配穿防滑耐磨工作鞋。允许根据个人情况和环境条件佩戴防日晒防紫外线的护目镜。根据现场噪声情况决定是否佩戴耳部防护装具。现场负责人应根据现场情况决定是否要求作业人员佩戴防尘口罩。

现场业主单位基建负责人、安全监察人员、风电场项目技术负责人和监理人员等必须始终在装载与吊卸现场，具体监督和协调物件的装卸作业。以上所有人员必须配备和使用与现场配合作业人员完全相同的安全防护装具。

（2）吊车上必须安装相应的安全装置及视频监控设备等，且必须能够正常使用。吊车未支稳、未铺垫路基板（枕木）、未安装视频监控设备、带病时不得进行起吊作业。

运输车辆的车头牵引马力和底盘高度以及各项参数必须满足合同及运输方案的要求。运输车辆上必须安装行车记录仪并经过全面检查，车辆不得超载、超速或违规载人，进场前必须经过甲方、工程监理人员签名确认。运输车辆配重未经过计算、未可靠固定，塔筒、机舱设备运输缆绳、缆索绑固不足四道、车辆载荷重心偏移超安全范围、车辆及运输设备边缘与架空线路的安全距离没有确认安全的，不得进行运输。

（3）作业场所气象条件不满足要求，作业时风速超规程规定，有暴雨雷击风险，能见度不足导致无法看清场地、被吊物和指挥信号时，不得进行起吊作业。

运输道路局部区域气候状况不满足运输方案要求，叶片特种工装车举升运输时风速≥8m/s，设备常规运输时风速≥12m/s时，不得进行运输。

（4）在安装施工开始前，安装施工单位必须对参与施工的各类工种人员进行技术交底、安全交底，有条件的还可以以书面形式让每一位参与施工的各类工种人员签署被告知和已熟悉所参与施工作业内容的承诺书，以此确保工程施工质量和施工全过程的安全。

正式吊装前，业主单位、总承包单位、具体承担安装施工的安装单位、设计单位、产品生产单位及监理单位均必须派人到现场，共同对现场设备、现场作业环境等进行检查，并将检查情况记录在案，以供备用。如发现待安装设备或塔筒有问题，应由生产厂家提出解决方法或就地解决。对缺少配件的，则要求生产厂家立即将缺少的配件发至吊运现场，以免影响工程进度。

正式吊装前，业主单位必须会同相关各单位就吊装过程中可能发生的问题召开联席协调会议，共同商讨与研究，提前制订预防措施，做到防患于未然。同时，业主单位还应责成各相关单位提交上报各相应的应急预案。会议还应对设备或部件在检查中发现的问题或缺陷等进行集中讨论，提出解决问题和消缺处理的方法，排定具体时间表，以尽可能地保证工程的质量、安全和进度。

（5）由于风机的塔筒、机舱、叶片及轮毂通常不是由同一家生产单位制造的，因此，在风电场项目确立后的风电场设计与产品选型阶段、设备采购阶段以及设备监造阶段，业主单位都必须建立一整套的监督、监造、质量管控等体系，并选派业务精通、技术娴熟、工作能力强、富有责任心的员工担任驻厂监造工作，从源头上控制好风机塔筒、机舱、叶片及轮毂的产品质量与设备的安全可靠性。

风机设备或部件运抵风机基础现场后，物件的卸运摆放应根据事先设计好的场所进行摆放。这样，既符合文明施工要求，有利于安全管理，更重要的是便于设备吊装、部件组装等后续作业的进行。由于种种因素，个别风机安装现场作业场地受限，施工单位一般会与业主单位协调，要求设备或部件供应单位按照施工进度和安装条件排定物件运输到达现场的时间，采取物件随时卸运随时安装的作业方案，从而节约了存储经费。这种方法的优点是显而易见的，但应该指出的是，必须十分注重产品的监造工作，一旦放松监造或关系、职责梳理不清，就很容易埋下事故隐患或直接酿成事故。

（6）由于塔筒、机舱等都有一定的重量，因此其装卸都是由吊车来完成的。在所有需运输与装卸的设备与部件中，叶片和风机机舱属于超长、超重、超限的“三超”物件。在天气、运输条件等客观环境都比较适合的情况下，必须特别注意运输车辆的完好性。在承担运输任务前必须认真检查车辆，保证车辆部件、系统都安全可靠。必要时，应该在执行任务前进行试车。

（7）作业前，应向参与物件运输作业的所有现场人员进行包括路况、车况、作业内容与特点在内的技术交底和安全交底。如车辆（包括承载车辆和起吊车辆）是临时租赁或不属于承包单位的，承包单位应事先在和车辆单位签订的租赁协议中明确写明车辆单位的安全责任与义务，且开始作业前仍应参加承包单位的作业班前会。承包单位可以根据实际情况在必要时采取签署书面文件的形式来保证交底工作的完成质量，以此保证物件运输、装卸作业中有较好的“人—机”环境。承包单位须将有关物件运输的具体情况和协议细节如实向业主通报并备案，以保证物件运输作业的安全、可靠。

（8）塔筒吊运和卸运时都必须使用2根软质宽吊带或2根带软质橡胶皮套的钢丝绳（皮套不得有任何破损），一般建议使用软质宽吊带作为吊具。装运、卸运及吊运塔筒过程中，塔筒必须保持平稳。装运或卸运塔筒时，塔筒底部必须用沙袋等软质垫具垫放。载运时，塔筒必须用软质绳索紧固，防止塔筒因滚动而受损，甚至造成运输事故。卸运放置时，必须将塔筒用沙袋垫起。塔筒在现场临时放置时，严禁拆除塔筒两端的米字支撑。

（9）机舱吊运和卸运时，必须使用专用吊具进行。吊车荷载必须能充分满足机舱质量的总重，并留有足够的冗余。若无主吊车完成吊运和卸运作业，允许使用2台具有足够冗余的吊车合力吊运或卸运，但必须服从指挥，协调一致。吊运机舱必须通过吊耳，吊耳必须按照制造厂的技术要求力矩给予拧紧。卸运后的机舱必须放置于平整、坚实的地面上，建议最好将机舱放置于事先准备好的机舱枕木架上。卸运后必须检查机舱前脸的防尘罩是否仍然和吊运及运送过程中一样，防尘罩必须依然保持结实的捆扎在机舱前脸上，以防止沙尘或其他可能对机舱造成损伤的物件损坏机舱内部件。

（10）必须使用轮毂专用吊具装运和卸运轮毂。吊运轮毂必须按照制造厂规定的技术要求以3点同时系挂的方式起吊。在载运时，必须用楔形枕木将轮毂定位，并用软质紧固绳索将轮毂牢牢地拴系在载运车辆上。卸运时的吊运方法和装运相同。轮毂卸运后必须水平放置，以便于后续叶片与轮毂的组对。轮毂卸运时必须认真核对产品编号，机舱和轮毂的产品编号必须一致。在轮毂与叶片组对之前严禁把轮毂上的密封罩打开。

（11）叶片是超长物件，通常叶片与机舱不是由同一厂家生产的，因此在设备和部件采购中必须按照设计要求的技术条件与技术要求明确规定叶片与机舱生产厂家的产品协调性。装运叶片时应该和塔筒吊运一样使用软质吊具，装载在运输专用车辆上时必须用软质绳索捆扎牢靠，底部垫铺软质垫层，以防止运输过程中的损伤。通常，运输应以车队形式运载。叶片装载车辆进入风机现场后，应根据项目经理部的指示要求和当时的风向风力决定卸载与否。当风速达到 6m/s 时，严禁进行叶片的卸载作业。

由于叶片属于超长部件，运输难度较大。通常，运输叶片是将其平置于运输车辆的平板上，然后加以固定，因超长，按照运输超长物件的规定，应在叶片置于车体外的部分悬挂红色警示标识旗或以彩色小旗加以警示（见图 3–2），并在叶片尾部悬挂配重，以稳定叶片，防止运输过程中叶片发生摆动而引发事故。依照交通运输管理规定，运输时，须由前导车引导，疏通交通，保障超长、超重、超限车辆的行驶安全。当前，叶片运输已经有经过改装的专用车辆，可以将叶片通过专用器具固定住，叶片尾部和车辆平面形成一定的夹角，以避免叶片在运输时因可能的刮碰而受到损伤。但由于叶片呈一定角度向上，运输时必须随时注意路途障碍物，尤其是高压线等，以保证叶片运输安全。

图 3–2　运输中的叶片尾部悬挂红色警示旗

叶片卸载前必须认真阅读叶片生产厂家提供的吊装说明。当风速小于 3m/s 时，允许使用 200mm 宽的尼龙吊带吊在叶片的重心位置吊运卸载叶片。吊运时，叶片的两端拴系拉绳（风绳），在吊车起吊过程中，叶片两端的拉绳人员必须密切配合，服从指挥，使叶片平稳起吊。叶片吊运放置时，必须保证叶片顺着当地主导风向摆放，以避免叶片被风吹倒。当叶片在地面放置平稳后，应使用拉绳和地锚将3支叶片分别固定。

（12）设备与部件装卸时，车辆司驾人员应服从现场指挥，装车时必须严格按照物件规定或作业指导书要求的装运方法装运。装车作业时，无监理和专职安全员旁站、无专人司索指挥或指挥信号不明确、被吊物重量不清、作业区没有隔离、没有划定警戒范围等情况下不得起吊。起吊时，必须严格按照物件规定或作业指导书要求，在产品说明书标明的系挂中心进行吊绳（带）系挂，防止由于错误系挂而引发车辆、设备与部件损坏事故，甚至造成人员伤害等事故。

（13）物件吊装上车后，必须用楔形枕木等将物件前后楔紧，防止物件运输过程中发生窜动，引发事故。同时，必须用具有足够强度和拉力的软质绳带将物件左右绑扎紧固，防止物件发生左右摆动而引发事故。

（14）物件运输前，地面引导人员、运输指挥人员、车辆驾驶人员必须提前进行道路勘察，不熟悉运输道路情况、无前车引导时不得起运。车辆驾驶人员、地面引导人员、操作人员身体和精神状态不佳、15小时内饮酒的不得参与运输作业。在物件运输过程中，司驾人员必须严格执行作业指导书规定的限速要求，严禁超速，并在现场指挥人员的指挥下运输物件。

（15）到达物件卸货现场后，运输车辆必须按照指挥要求的停车位停车，严禁越线停车。特别应该注意的是，在停车过程中进行倒车时，不得靠近风机基础，必须保持规定的安全距离。同时，运输车辆与现场吊车之间也必须保持作业指导书规定的足够距离。只有这样，才能防止由错误的停车而造成的车辆、基坑、设备与部件等的损伤事故。

由于物件卸货用吊车的吨位较大，因此吊车进入现场后必须按照作业指导书的规定在现场指挥指定的停车位进行停放，并做好吊运物件的事先准备工作，尤其应认真检查车辆抓地支撑的牢固与平衡，避免作业中因吊车失衡而引发吊运事故。

其他配合作业的车辆应停泊在距离较远的区域。在利用小吊车或手推车进行搬运时，同样要十分注意安全防护，防止发生人身伤害事故。

（16）风机吊装现场作业环境必须做到：

a. 进场入口处须安装提示牌，提示进入风场及风机机位路标。

b. 进入吊装施工现场必须拉设安全警示带，竖立安全警示牌以及安全须知牌。

c. 吊装现场入口设专人值守，严禁非吊装有关人员进入吊装现场。

d. 吊装施工现场必须配备消防设备与器材，包括消防沙、消防桶、消防铲（工兵铲）、灭火器等，见图 3–3。

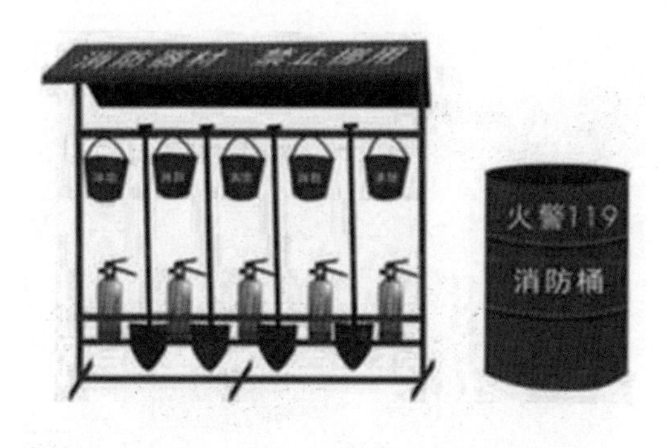

图 3–3　施工现场消防设备

3.2 塔筒吊装

风塔高度与风场的风源流层及风机容量有关，在风电场初步可行性研究、可行性研究报告中有详细的分析与结论。设计部门根据对风电场风力资源的科学分析，结合对风电场当地的地形地貌等条件的综合评估，会同业主单位的意见，科学、合理地设计风机风塔的高度，以保证最大限度地利用可利用的风能资源。

通常，风机风塔总高度（距基础地面）在 60～90m（有的大容量机组的风塔高度已达 137m），一般由 3 段塔筒组成。在风机基础施工作业完成并经验收后，即可开始风塔的安装。必须清楚地认识到：风塔安装的质量直接影响到风机机舱的安装、叶片轮毂的安装，乃至直接影响到该基风塔、风机的安全运行。

3.2.1 塔筒吊装前准备工作

风机塔架一般由 3 段塔筒通过法兰连接而成。在正式吊装基础塔筒前，必须对风机基础进行认真检查，见图 3–4。重点是检查基础环的上表面平整度、风机基础接地状况、塔筒基础环上表

图 3–4　风机基础的检查

面及基础环内混凝土上表面的标高、箱变电缆及控制线缆状况等。按照设计要求，基础环上表面的水平度不得大于 1mm，基础接地电阻不得大于 3.5Ω，基础环上表面及基础环内混凝土上表面的标高必须符合设计图纸要求，且基础环上表面已经清理干净，无污物、无锈蚀、无水渍、无油渍、无毛刺等。由于目前的风机设备布设大量采用塔筒外布设箱变，塔台基础上布设一次、二次控制柜的方法，因此箱变电缆及控制线缆已经按设计图纸要求穿入预埋管中。电缆施工也可根据安装承包单位要求在风机吊装完毕后施工。本书仅以此类布设方法简述塔筒和机舱的吊装。

3.2.2 塔底平台吊装

吊装前，经检查确认符合吊装要求后即可开始吊装作业。吊装前必须先根据风电场主导风向的方向确定塔筒门的位置，然后使用汽车吊将塔底平台吊入基础环内，必须确保平台缺口中心线（进门处）与塔筒门中心线重合。调整平台位置，使平台外轮廓到基础环法兰内缘的距离均匀。调整平台底部的螺杆和螺母，确保平台水平，支撑平稳，确保基础环表面到塔筒底部平台踏板表面距离完全达到塔筒设计要求。

塔筒吊装前必须提前将塔底配电柜、塔底控制柜、变频器安装就位。具体位置应依据和满足设备生产单位与设计部门的设计要求。有的风机生产单位（如维斯塔斯–VESTAS 风机）的配电柜、控制柜等是布设在机舱内的，因此，塔筒底部上的柜体安装需根据具体产品生产单位的设备布设而定。

塔底平台四周的花纹钢板必须在第一段塔筒就位后再进行安装。

变频器地线、箱变地线、基础平台地线、发电机定子地线、转子地线等必须按规定接线并可靠接地，以保证风机长期安全稳定运行。连接地线前必须对等电位板表面进行除锈，打磨光滑处理，确保接线接触良好，等电位板焊接在塔基法兰盘上。

如塔底平台、电气柜等安装就位后因种种原因不能即刻进行塔筒吊装，则必须做好柜体保护，以应对天气可能对设备带来的不利影响。

3.2.3 塔筒吊装作业

风机塔筒吊装通常采用车辆运输至机位，在机位上卸车直接吊装的方法。

风机塔筒通常分为3段，从下到上分别为底段塔筒、中段塔筒和顶段塔筒。各段塔筒之间均采用高强度螺栓连接。底段塔筒的下端设有塔筒门供作业人员进出。作业人员进入塔筒后，可以利用预装的塔筒内部梯子（预装有安全护栏）攀爬登高到上一层塔筒或至顶。爬梯的一侧预装有攀登自锁器防坠绳或防坠导轨，供登塔人员攀爬时系挂安全带自锁器，避免发生高坠事故。每段塔筒的上部设有安全平台，供攀爬、施工及休息使用。每段塔筒的上部设有照明，便于作业人员施工等。

塔筒运输车就位，即清理塔筒，安装吊耳。安装吊耳时必须采用梯具或带有护栏的升降平台作为作业工具。使用梯具需攀爬到相应高度，使用升降平台也需将平台升到相应高度，以方便作业人员进行安装。使用梯具必须有专人扶梯，且配备专人监护，防止高坠事故的发生。使用升降平台时，升降平台车必须支撑稳定，且作业全过程中不得将除手臂之外的任何身体部位伸出安全护栏之外，以防止高坠事故的发生。

吊耳具有一定的重量，安装时必须注意防止吊耳跌落砸伤现场吊装人员或吊耳安装现场下方配合作业的辅助人员，构成安全事故。

（1）塔筒吊装前的确认检查。

检查塔筒法兰的安装尺寸是否在安装公差范围内。

将塔筒与基础环连接用的螺栓、螺母、垫片一一清点数量，并涂抹好 MoS_2 后摆放在基础环下。基础环法兰面外部区域涂抹适量密封胶。图 3–5 为涂抹 MoS_2 后的基础环螺栓。

图 3–5　基础环螺栓

对于作业用的小撬杠等工器具，必须采取有效措施防止其跌落在基础内。引入电源，接通塔筒内照明系统。

确认临时照明灯具、液压力矩扳手、电动扳手及电源线等调试完成。

检查基础环、塔筒法兰孔有无阻塞，一旦发现有阻塞的必须立即进行清洗。清理基础环法兰面及地面。在基础环法兰孔外侧区域上涂抹适量密封胶（不得将胶涂到螺栓孔区域内）。

检查塔筒法兰开口，塔筒纵向、横向塔壁凹痕，塔筒横截面圆度误差不得出现超差。

（2）塔筒吊装前的清洁与准备。

清洁塔筒内外壁。如塔筒外观有油漆损伤，则必须待完成补漆后方可吊装。

塔筒内的梯子支架、平台钢板等连接螺栓已经检查并紧固。塔筒内所有紧固件齐备并已紧固。

不论是通过电缆将电能输到箱变还是通过导电轨方法输送电

能，都必须在吊装前认真检查电能输送系统，检查内容包括：安装正确与否，支架、连接螺栓紧固程度等。

下塔筒门处于锁闭状态，开门钥匙已经准备就绪。

准备好塔筒上法兰的连接螺栓、螺母、垫片、密封胶等紧固件以及电动力矩扳手、支撑扳手、胶枪等工器具，且必须在吊装前将其放置于塔筒平台上并固定牢固可靠，保证塔筒竖立过程中不发生物件坠落。

塔筒基础环内以及塔筒内外无污物，特别是每个塔筒的对接法兰面处已经清除干净。

照明灯具、液压力矩扳手、电动力矩扳手用动力电源线已可靠连接。如使用塔筒内部照明和电源，则必须保证相序正确。

（3）底段塔筒吊装。

如图 3–6 所示，采用大吨位主吊车和小吨位副吊车双机抬吊的方法起吊底段塔筒。预先将主副吊具固定在塔筒两端的法兰上，主吊车吊塔筒的小直径端，副吊车吊塔筒大直径端，在塔筒下部对角拴系 2 根导向绳，然后双机将塔筒同时吊离地面 0.2m 时暂停 5min 进行观察，并分别试验两机机械刹车，认真检查塔筒起吊系挂情况，确认准确无误方可继续起吊。当塔筒吊离地面 2～3m 后，

图 3–6　底段塔筒的吊装

双机配合使塔筒在空中旋转 90°，使塔筒处于竖直方向，使塔筒小直径端在上，大直径端在下，然后副吊车脱钩，同时卸下副吊车吊具。塔筒竖直后，拆除大端吊具、防护支架时动作应尽可能快，尽量减少在塔筒内的时间，同时严禁在塔筒壁滞留或手脚躯体长时间在塔筒下方。

牵拉导向绳，防止起吊时塔筒摆动，确保塔筒顺利就位。

底层控制柜支架安装完毕，基础环法兰打双交叉 S 形胶，连接螺栓放在法兰螺栓孔下方对应排开。塔筒吊至基础环上方 100mm 处，下降过程中注意底层控制柜及塔底平台，防止挤压作业人员或设备，见图 3–7。

图 3–7　底段塔筒的就位

底段塔筒的塔筒门位置与塔筒底部平台的缺口位置对正后，缓慢放下塔筒至基础法兰上，下放塔筒时务必注意塔筒与塔筒平台上控制柜的距离，严禁发生碰撞。借助 2 根小撬杠对正塔筒法兰与平台法兰的螺栓孔后，在塔筒相对的螺母 180° 方位，把带有垫片的螺栓从下面向上穿，先插入 2 只螺栓，装上垫片并拧上螺母，且仅允许用手拧紧，再将其余所有的螺栓一一插入螺孔，用手一一拧紧，再按照产品生产单位的安装手册要求，使用力矩扳手采用对角拧紧法分多次拧紧至规定的力矩。待所有螺栓全部安装完成后，吊车方可卸载脱钩，拆除塔筒上部法兰上的起吊工具。穿螺栓过程中，注意防止挤压伤害作业人员手部，特别是手指。使用直梯或升降平台将作业人员升至塔筒门高度，打开塔筒门，将设备、施工工器具等运至上底平台。

检测底段塔筒的垂直度，保证吊装塔筒符合技术规范，底段塔筒吊装作业完成。

摘掉底段塔筒顶部的吊具和导向绳后，即可开始中段塔筒的吊装。

吊装底段塔筒时，由于穿接底段塔筒与基础环连接螺栓的作业人员全部在底段塔筒内，吊装时主辅吊车必须绝对服从现场指挥人员的指挥，辅助指挥人员必须随时与指挥人员联系沟通，同时传达指挥指令。塔筒内作业人员必须绝对服从指挥，严禁将身体的任何部位探出塔筒。由于塔筒内未上电，塔筒内作业人员必须佩戴头部照明，以方便作业。由于基础上已经放置了控制柜等部件，塔筒内空间狭窄，在穿接底段塔筒与基础环螺栓时应事先有明确的位置与分工，防止由于配合失误而引发磕碰、挤压等人身伤害。

（4）中段塔筒和顶段塔筒的吊装。

依照底段塔筒的安装方法依次安装并检测，相邻塔筒对接时需要特别注意对正塔内攀爬直梯。如使用安装有导电轨的塔筒，还应把相邻塔筒内导电轨的接口对正（现在通常不使用导电轨）。

顶段塔筒安装完毕，必须尽快把机舱吊装就位。否则，必须用主吊车保持吊住顶段塔筒的顶部，并让主吊车保持 10t 的起吊负荷，以保证塔筒的稳定性和基本受力。一般不采用此法，如因天气等原因，当天确实无法完成顶段塔筒与机舱的吊装连接，则在中段塔筒吊装完成后停止后续吊装，并将中段塔筒的上端口加以遮蔽，以保持塔筒内的清洁，便于后续吊装。

（5）塔筒吊装的注意点。

1）塔筒尽可能不在现场存放，以避免存放不当或其他原因导致塔筒损坏。临时存放时，塔筒必须距离地面不少于150mm。

2）塔筒对接时，应对齐相邻两段塔筒连接法兰的0°线，以及塔筒底级法兰与基础环低级法兰的0°线。同时，再次确认塔筒底部平台缺口中心线与塔筒门中心线重合，且塔筒门与主风向成90°。

3）吊装中段塔筒和顶段塔筒的方法与吊装底段塔筒方法相同，并也以相同的对角米字型方法，按照安装作业指导书和产品安装要求紧固连接螺栓。

4）吊装完顶段塔筒后立即进行机舱吊装。同时，在顶段塔筒吊装前必须做好充分的准备工作，所有吊具准备齐全并经一一检查无误。按照事先编制好的安装作业指导书确定的位置提前摆放好起重吊车（或起重机械），以便于一旦顶段塔筒吊装完成即可进行机舱吊装。清点好塔筒连接螺栓，并放置在塔筒上临时固定牢固，随塔筒同步起吊。机舱与顶段塔筒连接所需定位销及其他工器具提前准备充足，并将其牢固地放置在顶段塔筒平台上。

5）塔筒就位时，作业人员不得将身体任何部位探出塔架之外。底部塔筒安装完成后须立即与接地网连接。除顶段塔筒与机舱连接的法兰外，各段塔筒之间的法兰连接都必须涂抹密封胶。

6）塔筒与塔筒之间连接时，必须考虑塔筒之间攀爬梯子连接的对中性，使上下塔筒法兰上+X、–X、+Y、–Y标记相对。如若塔筒内使用导电轨，则同样必须考虑塔筒之间导电轨连接的对中性。

7）在进行中段塔筒和顶段塔筒的连接时，作业人员除必须采取个人安全防范措施外，由于塔筒内照明严重不足，因此不论临时照明是否已经接入，都必须每人佩戴头盔式照明灯（俗称头灯），以增加作业照度，保证作业安全。

（6）塔筒内部的安装工作。

塔筒内部照明和线路应当与塔筒安装同步完成。

安装外部人梯和塔筒柔性连接器。

检查塔筒内攀爬梯，无误后将攀爬梯螺栓紧固完毕，并保证两段塔筒之间的攀爬梯对接良好，无大缝隙。两段塔筒间安全导轨对接必须严密，不得有大的间隙，且保证自锁器在导轨上可以自由滑动。如存在较大间隙，必须补充间隙，防止使用时安全自锁器脱落引发事故。如自锁器不能在导轨上自由滑动，必须对导轨进行必要的调整。

采用安全绳索的，必须根据使用说明由上到下加以规定的紧度拉紧，并对安全绳索利用爬梯定距加撑的固定支架加以固定，以保证安全绳索不发生摆动，且能安全有效地止锁自锁器。

（7）塔筒吊装技术要求。

1）塔筒安装用连接螺栓必须使用塔筒生产厂家提供的产品，严格按照产品使用说明要求进行安装。注意垫片倒角必须面向螺母和螺栓头，螺母打印标记端朝向连接副的外侧。

2）连接螺母拧紧后，螺栓头部必须露出 2～3 扣，否则更换螺栓。

3）现场业主代表必须及时收集设备箱内资料，经整理后归档。

4）顶段塔筒和机舱通常在一天内吊装完成，否则一般不起吊顶段塔筒。如顶段塔筒已经吊装，而机舱达不到吊装条件，则必须将顶段塔筒的上部端面加以封罩，且主吊必须施加不小于 10t 的上提引力，以保证塔体的安全可靠性。

5）吊装用吊车必须置于坚实的地面，吊装机械履带下必须铺设路基板或路基箱，以增加地面承压能力，提高稳定性。辅吊为汽车吊的，地面必须铺设枕木用于汽车吊的起吊支撑。

6）起重机械使用前必须认真检查，安全装置必须齐全、有效、灵敏，不得带故障或有影响安全使用的缺陷。

7）每次作业前都必须检查复核主副吊车的作业半径、水平度、起吊绳情况、专用起吊吊耳的安装紧固情况及吊耳安装位置的正确性等涉及起吊塔筒安全、起吊设备安全与现场作业人员安全的各项具体情况，确认无误并满足作业指导书要求后方可在指挥人员的统一指挥下进行起吊作业。

8）塔筒在安装前必须清洁，塔筒之间的接触面必须洁净，不得带有任何污垢。塔筒法兰连接面必须整圈涂抹双层密封胶，且喷涂均匀，不得留有间隙。密封胶暴露时间不得过长，防止胶体固化。

9）塔筒起吊必须服从指挥，两台起重吊车必须协调一致，尤其是在塔筒由水平状态调整为竖直状态的过程中，必须保持两台吊车的起吊绳、吊钩始终竖直。指挥人员和吊车司驾人员均必须配备和使用通信工具，并保持通信畅通。塔筒起吊现场必须分设2名现场监护人员进行监护。

塔筒起吊时，吊车吊臂下严禁滞留或走动。非特殊需要，吊臂半径范围内不得有人员活动，因事必须处理的作业人员在处理结束后也必须立即撤离到吊臂半径以外，防止吊车异常引发安全事故。

10）塔筒吊装过程中不得损坏塔筒保护层。必须确保上下法兰不受损坏和不发生局部变形。

11）按照塔筒生产单位的技术要求使用塔筒连接用螺栓、螺母及垫片，并按照厂家的要求使用力矩扳手将螺栓紧到规定力矩。必须保证螺栓垫片的倒角对着螺栓头和螺母。

12）连接塔筒螺栓紧固时必须选用大小适当的扳手，采用对角法进行紧固作业，或按照塔筒产品生产单位要求进行紧固作业。

13）底段塔筒与基础环对接时，必须以塔筒门的朝向为定位基准点，塔筒门朝向主风向。中段和顶段塔筒就位组对时可以以塔内攀爬梯的对齐作为参考。

14）塔筒安装过程中必须随时注意风速变化，一般吊装时要求风速不超过 8m/s，否则停止吊装。每段塔筒吊装后，如若后续吊装无法进行，或受到恶劣天气影响，则必须将最上段塔筒的开口法兰进行封口保护处理。

（8）塔筒吊装的安全要求。

1）起重吊车作业场地必须平整坚实，吊车性能良好，安全装置齐全。

2）塔筒就位时，严禁将手指放入螺栓孔中，以免发生人身伤害事故。

3）作业人员攀爬塔筒进行卸除起吊索具时，必须正确使用自锁器。在底段塔筒上平台作业，如需身体部位探出塔筒时，必须系挂二次保护绳。

4）作业人员拆除索具过程中，必须配穿并正确使用安全带，同时将安全带二次保护绳系挂到塔筒牢固可靠的攀爬梯的梯架上，但必须注意，一个梯凳上的梯架只允许系挂最多 2 副安全带二次保护绳。

拆除塔筒上端吊具时，必须注意相互间的协调配合及个人安全防护，尤其要防止吊耳滑落砸伤人员，切记拆卸吊具时塔筒下方严禁人员滞留，且现场塔筒外侧须设专人担任安全监护，防止有人擅自闯入危险区域，引发事故。

5）塔筒内作业时，下端塔筒不得有人，严防因种种原因发生高处坠物击打人员伤害事故。

6）高空作业时，小的工器具必须放置于密封的专用工具包中，较大或大的工具必须使用吊绳进行上下吊运，严防发生工器具坠落伤人事故。

7）拆除吊耳后要将连接螺栓的螺母上平，严防发生吊耳安装螺栓高空坠落引发的设备损伤或人身伤害事故。

8）严禁起重吊车同时进行 3 个动作，严格按照吊车操作规程进行操作。

（9）塔筒吊装时的人员安全防护要求。

1）现场司驾人员必须身穿工装，工装必须系好纽扣或拉好拉链、系好袖扣。进入驾驶室前必须佩戴安全帽，但允许进入驾驶室后暂时性摘除，一旦离开驾驶室必须重新佩戴。佩戴工作手套，以有防滑耐磨功能的为佳。配穿防滑耐磨耐油工作鞋。由于作业基本上在野外，允许司驾人员根据各自情况自行决定是否佩戴防日晒防紫外线的护目镜。应该根据机械设备的噪声情况决定是否佩戴耳部防护装具。现场起吊车辆司驾人员必须配备通信器材，并保证通信器材完好，通信畅通。所有司驾人员必须具备资质证书并在项目经理部备案。

凡是直接参与起重作业的现场配合作业人员都必须持有起重资质证件，并在承包单位相关部门留有备案。

2）现场配合吊装作业的人员必须佩戴安全帽（建议在塔筒内作业的人员帽体上夹装自带式照明，以解决塔筒内无照明或照明不足的问题）。必须身穿工装，工装必须系好纽扣或拉好拉链、系好袖扣。佩戴工作手套，最好佩戴耐磨防滑手套。配穿防滑耐磨工作鞋。允许根据各人情况和环境条件佩戴防日晒防紫外线的护目镜。根据现场噪声情况决定是否佩戴耳部防护装具。现场负责人应根据现场情况决定是否要求作业人员佩戴防尘口罩。

3）所有在塔筒内配合作业的人员必须佩戴二次保护系统，具备有效登高证件，并在安装施工单位备案。作业时，底段塔筒与基础环连接作业时允许不系挂二次保护，但一旦登高到底段塔筒安全平台，等候或进行底段塔筒与中段塔筒（中段塔筒与顶段塔筒连接作业要求与之相同）连接作业，则必须将二次保护系统系挂在低段塔筒安全攀爬梯子的上端梯架上，同时注意一格梯架仅允许系挂 2 副保护系统。

4）在从底段塔筒底部攀爬上底段塔筒安全平台时，每次仅允许一人攀爬，只有当前一人到达安全平台，系挂上二次保护系统并可靠关闭安全平台孔门后，方才允许后一位作业人员攀爬登梯。

5）在中段塔筒与底段塔筒连接作业中（或顶段塔筒与中段塔筒连接作业），当塔筒徐徐放下时，严禁塔筒内人员将身体的任何部位探出低层塔筒外部，严防发生人身伤害事故。

6）在进行塔筒吊装作业中，现场必须设专职监护，塔筒内同样必须设置专职监护及指挥人员（二者可以由同一人担任，但一般不主张为同一人）。

7）塔筒连接对孔、穿紧螺栓、螺栓打力矩等作业时，必须在塔筒内指挥的指挥下协调一致，防止工器具对现场人员的伤害。

8）塔筒内所有人员必须佩戴头盔式照明灯（头灯），以保证作业时具备起码的照度。

9）现场设专职指挥人员，允许配备适当的辅助人员，但必须明确辅助人员无指挥权。指挥人员配备通信工具，并保持通信畅通。

10）现场所有登高人员必须具有登高资质，并在承包单位相关部门留有备案。

11）现场业主单位基建负责人、安全监察人员、风电场项目技术负责人、设计单位人员、产品生产单位人员和监理人员等必须始终在吊装现场，具体监督和协调作业。所有这类人员必须配备与使用与现场配合作业人员完全相同的安全防护装具。

3.3 机舱吊装

3.3.1 机舱吊装施工准备

（1）机舱吊装前，必须认真检查机舱及其所有附件的完整性和设备状况，清洁机舱外部。在机舱平台上安装或接线气象架、风速仪、风向标及频闪航标灯等。完成相应设备的密封胶封闭处理。

（2）安装增速箱排风罩。

（3）认真检查顶段塔筒内部的动力电缆已经放置在机舱内，并已固定牢固。

（4）机舱与轮毂连接用的高强度螺栓、垫片、工器具等已放入机舱内，并可靠固定。

（5）轮毂吊装孔盖已经放入机舱内，并可靠固定。

（6）机舱内已经做完清洁及清理工作。

（7）顶段塔筒顶法兰螺栓孔外圈已经涂抹过一整圈密封胶。

（8）安装起吊装置，注意吊带不得损伤机舱内设备，并必须能够保证机舱起吊时处于水平状态。

（9）安装导向绳，以供机舱起吊时帮助保持水平和较准确地对准顶段塔筒。

（10）机舱正式吊装前，必须对参与吊装的各类工种人员进行技术交底、安全交底，有条件的还可以以书面形式让每一位参与施工的各类工种人员签署被告知和已熟悉所参与吊装作业内容的承诺书，以此确保工程施工质量和施工全过程的安全。

正式吊装前，业主单位、总承包单位、具体承担吊装作业的承担单位、设计单位、产品生产单位及监理单位的人员均必须到现场，对现场设备、现场作业环境等进行检查，并将检查情况记录在案，以供备用。如发现有问题，必须就地解决，并在获得业主单位、设计单位、设备生产单位、吊装单位及监理单位的一致通过并留有背书后方可开始机舱起吊作业。

正式吊装前，业主单位还必须会同相关各单位就吊装过程中可能发生的问题召开联席协调会议，共同商讨与研究，提前做出预防措施，做到防患于未然。同时，业主单位还应责成各相关单位提交上报各类作业相应的应急预案。

3.3.2 机舱吊装施工

（1）挂好机舱起吊专用吊具，把机舱和机舱运输底架一起试吊（机舱和机舱运输底架必须一起试吊，严禁将机舱底架拆除后直接试吊机舱）。机舱吊具从机舱顶部放入机舱内部时，必须设有专人扶稳机舱吊具，防止机舱吊具放入机舱时，由于无人扶稳或其他原因，吊具触碰机舱或机舱内设备、部件而造成机舱或机舱设备部件的损伤。

（2）试吊机舱前必须认真检查机舱专用吊具的完好性，以及机舱起吊点上各螺栓是否已经被拧紧。

（3）使用起重吊车将机舱吊离距地面 0.2m 持续 5min，以检查起重吊车制动装置的完好性以及机舱吊点、吊具的可靠性。经过试吊无误后，检查偏航刹车盘表面的清洁情况，拆除机舱运输底架，清理干净机舱底部螺栓孔内的沙土等杂物，检查机舱与塔筒连接的螺孔螺纹情况。在刹车盘下拧入导向杆，开始起吊。

（4）机舱起吊至顶段塔筒法兰上方，经过调整，使二者位置基本对正。

（5）利用导向杆顶把将机舱与顶段塔筒上法兰就位，把机舱缓慢放到顶段塔筒上法兰的上表面，用主吊车调整机舱底部螺栓孔与顶段塔筒上法兰螺栓孔的同心度。对准后用手或电动扳手将螺栓全部拧入后（螺栓头的上表面与顶段塔筒上法兰的下表面贴合后），方才允许使用液压扳手以对角法依照产品厂家的使用说明分次按一定力矩要求将螺栓拧紧。

（6）在机舱起吊过程中，所有参与人员必须绝对服从空中指挥，必须确保机舱整体保持水平。参与拉牵导向绳的作业人员必须协调一致，在空中指挥的指挥下，协助起重吊车，确保机舱整体保持水平及随时调整机舱方位。

（7）在机舱底部螺栓孔和顶段塔筒上法兰螺栓孔未对准的情

况下，会有个别螺栓不能全部拧入到机舱底座中，此时严禁使用液压力矩扳手强行把螺栓拧入，否则极易造成螺栓断裂。

（8）只有当使用对角法将螺栓按产品生产厂家规定分次拧紧螺栓至规定力矩后，方可卸除吊具。待风机整体吊装完毕后，再次使用液压力矩扳手按规定的力矩对塔体与机舱连接的全部螺栓进行最终检查。如发现连接螺栓在最终力矩检查时有 2 颗螺栓松动，必须重新对全部螺栓进行检查。

（9）安装好顶段塔筒顶部到机舱的梯子。

（10）机舱与顶段塔筒的安装连接必须在同一天完成。否则顶段塔筒不得安装。顶段塔筒顶部法兰不涂抹密封胶。

机舱吊装见图 3–8。

图 3–8 机舱的吊装

3.3.3 机舱吊装施工注意事项

（1）风机机舱吊装时必须严格注意当时风速，吊装时风速不得大于 10m/s。

（2）机舱吊装时，必须使用专用的吊装工具。使用时须认真检查，确保所有吊索同时被拉紧，且没有弯曲或触碰到任何物件。确保专用吊具使用的螺栓均为合格螺栓。一旦发现个别螺栓有损伤，必须立即更换合格的螺栓。在螺栓把紧过程中必须注意力矩值。

（3）机舱吊装就位时，上下配合必须使用通信设备。包括吊车司驾人员、地面与空中指挥人员、导向绳牵引负责人等都必须按需配备，并保证通信畅通。

（4）机舱吊装螺栓紧固之前，螺栓头下部和螺纹必须涂抹 MoS_2。

（5）机舱底部螺栓孔和顶段塔筒上法兰连接螺栓及垫片必须按照产品生产单位规定的要求选用，拧紧力矩同样依据产品生产单位要求进行操作。

（6）螺栓紧固时，必须按照产品生产单位规定的方法使用大小合适的力矩扳手、以对角法交叉进行紧固。

3.3.4 机舱吊装施工中的个人安全防护

（1）现场司驾人员必须身穿工装，必须系好纽扣或拉好拉链、系好袖扣。进入驾驶室前必须佩戴安全帽，但允许进入驾驶室后暂时性摘除，一旦离开驾驶室必须重新佩戴。佩戴工作手套，以有防滑耐磨功能的为佳。配穿防滑耐磨耐油工作鞋。由于作业基本上在野外，允许司驾人员根据各自情况自行决定是否佩戴防日晒防紫外线的护目镜。应该根据机械设备的噪声情况决定是否佩戴耳部防护装具。现场起吊车辆司驾人员必须配备通信器材，并保证通信器材完好，通信畅通。所有司驾人员必须具备资质证书并在项目经理部备案。

凡是直接参与起重作业的现场配合作业人员都必须持有起重资质证件，并在承包单位相关部门留有备案。

（2）现场配合吊装作业的人员必须佩戴安全帽（建议在塔筒内作业的人员帽体上加装自带式照明，以解决塔筒内无照明或照明不足的问题）。必须身穿工装，并系好纽扣或拉好拉链、系好袖扣。佩戴工作手套。配穿防滑耐磨工作鞋。允许根据个人情况和环境条件决定是否佩戴防日晒防紫外线的护目镜。根据现场噪声情况决定是否佩戴耳部防护装具。现场负责人应根据现场情况决定是否要求作业人员佩戴防尘口罩。

（3）所有在塔筒内的配合作业人员必须佩戴二次保护系统，具备登高证件，并在安装施工单位备案。作业时，登高到顶段塔筒安全平台，等候或进行顶段塔筒与机舱的连接作业时，则必须将二次保护系统系挂在顶段塔筒安全攀爬梯子的上端梯架上，同时注意一格梯架仅允许系挂 2 副保护系统。允许随身携带小的工具，且工具必须放置于密封的专用工具包中。工具包使用前必须逐个检查密封性，确保工具不会从包中滑落而引发事故。

（4）在从中段塔筒底部攀爬上顶段塔筒安全平台时，每次仅允许一人攀爬，只有当前一人到达安全平台，系挂上二次保护系统并可靠关闭安全平台孔门后，方才允许后一位作业人员攀爬登梯。某些较大型工具允许由专人携带登梯至塔顶，但必须是所有登塔人员全部登塔后，最后一位登塔，作业结束后第一个下塔，以防止工具坠落而引发人身伤害事故。登塔前必须清点携带的工具数量和种类，下塔前必须核实数量与种类，上下塔前后工具的数量、种类必须相同。

（5）在顶段塔筒与机舱连接作业过程中，当机舱缓慢放下时，严禁塔筒内人员将身体的任何部位探出塔筒外部，严防发生人身伤害事故。

（6）在进行塔筒与机舱连接吊装作业中，地面现场必须设专职监护和指挥人员，塔筒内同样必须设置专职监护及指挥人员（二者可以由同一人担任，但一般不主张为同一人）。

（7）塔筒与机舱连接对孔、穿紧螺栓、螺栓打力矩等作业时，必须服从塔筒内指挥人员的指挥，协调一致，防止工器具对现场人员造成伤害。

（8）现场设专职指挥人员的同时，允许配备适当的辅助人员，但必须明确辅助人员无指挥权。指挥人员必须配备通信工具，并保持通信畅通。

（9）现场所有登高人员必须具有登高资质，并在承包单位相关部门留有备案。

（10）现场业主单位基建负责人、安全监察人员、风电场项目技术负责人、设计单位人员、产品生产单位人员和监理人员等必须始终在吊装现场，具体监督和协调作业。所有这类人员必须配备与使用和现场配合作业人员完全相同的安全防护装具。

3.4 叶片与轮毂的组装

3.4.1 组装前施工准备

（1）清洁叶片。

（2）叶片与轮毂连接用的高强度螺栓连接副由一个螺母和一个垫片组成。此螺栓连接副必须使用与叶片根部预埋螺栓同一供应商的产品。垫片内孔上的倒角必须朝向螺母。安装前在螺栓螺纹处和垫片上表面涂抹 MoS_2（下表面严禁涂抹）。

（3）把变桨电机从变桨减速箱上拆除下来，把电机平稳地放在轮毂内合适位置，放置电机时必须保证不能损伤电机上的电源线和信号线。把摇把插入变桨减速箱的动力输入端，用人力转动摇把使变桨轴承内齿圈转动。

（4）将变桨轴承内齿圈端面上的零度标记旋转到轮毂下方。

（5）将变桨轴承的安装面清洗干净，涂一圈中性硅酮密封胶。

（6）对叶片根部的连接螺栓进行清理，必须用毛刷或气泵把螺栓上的沙土清理干净。

3.4.2 叶片与轮毂组装作业

风机叶片与轮毂的安装通常采用 2 种方式：一种是先在地面将叶片与轮毂进行组装，然后将叶轮整体吊装至风机机舱；另一种则是先将轮毂吊装至风机机舱，然后再将叶片依次吊装至轮毂上。本文仅对第一种安装方式进行阐述。

叶片的吊装使用 200mm 宽的尼龙软吊带。在叶片吊起后，在叶片零度标尺处引出一条 100mm 长的细线，便于叶片调零度。

缓慢调整吊臂，将叶片的零度标尺与变桨轴承上的零度标记对好后，首先把第一支叶片根部的预埋螺栓穿入变桨轴承对应的孔内，然后在变桨轴承的另一面把露出的螺栓用螺母全部拧上并用电动扳手拧紧。接着，在第一支叶片的中部用高强度泡沫支撑稳定后，摘除叶片上的吊具。使用同样的方法安装第二支、第三支叶片。等第三支叶片安装完毕，把第一支叶片和第二支叶片的支撑去除，此时叶轮的每支叶片都能在轮毂内用摇把转动。最后，对于高强度螺栓副，分 4 次采用“对角”法对螺母施加力矩：第一次采用电动扳手，第二次采用液压扳手，第三次采用液压扳手，第四次使用液压力矩扳手，分别打到规定的力矩值。

3.4.3 叶片与轮毂组装作业注意事项

（1）风速超过 8m/s 时不得进行叶片起吊作业。作业时，使用 2 根导向绳保证叶片起吊导向，必须保证导向绳具有足够的长度和强度。起吊叶片必须使用专用吊具，为保证叶片不受损，还必须对叶片加装护板。由于叶轮组装直径较大，为保障顺利组装，工作现场必须配备足够的通信设备，并保证通信畅通。叶片起吊过程中，要保证有足够人员拉紧导向绳，以保证起吊方向，同时必须避免触及其他物体。

（2）在打力矩过程中，有些螺栓孔被变桨控制系统的部件挡住，必须用摇把把旋转叶片螺栓孔让出，才能插入螺栓和打力矩。由于变桨轴承依靠变桨电机上的电磁刹进行制动，电机拆除后，变桨轴承就不再受刹车控制，只受摇把控制，因此，负责摇把人员的手一旦离开摇把（一般不允许擅自脱离），就应当采取措施对变桨轴承进行制动，把摇把拴牢或在变桨小齿轮与变桨轴承内齿圈的啮合处放置木方。否则，叶片在风的作用下会带动变桨轴承转动，使叶片撞击到地面上而造成叶片的损伤。用摇把转动叶片时，必须有 2 个人同时操作，1 个人负责摇，另外 1 个人负责在导流罩外观测叶片转动的位置，以防叶片接触到地面。在风速较大的情况下，严禁用摇把转动叶片。在转动叶片的过程中，必须防止叶片的防雨罩与轮毂的导流罩发生刮擦。一旦发生意外刮擦，应当即刻用切割机对叶片根部的防雨罩进行修理。

（3）在打叶片与变桨轴承连接的螺栓力矩时，必须对作业人员提出特别警示，要求打力矩作业过程中注意保护位于轮毂底部的“重载连接器插座及附件”，防止打力矩人员的踩踏损坏部件。

（4）在风速大于 3m/s 的情况下，严禁在轮毂内使用摇把转动叶片打螺栓的力矩。

（5）叶片的螺栓全部拧上且力矩检查无误后，用摇把转动每支叶片，把叶片根部标尺上的零度刻线与变桨轴承上零度标尺的缝隙对齐（对齐的误差控制在 1mm 内），然后在轮毂内变桨轴承的端面及相邻轮毂面上作零度标记线。其余 2 支叶片也采取同样的方式作零度标记线。如叶片组装完毕后当天不能吊装，则必须把 3 支叶片放平，并且在叶片的端部进行支撑，防止叶轮在风的作用下旋转。

（6）每个轮毂安装的 3 支叶片必须采用同一供应商且同一组编号的产品。

3.4.4 叶片与轮毂组装作业现场安全防护措施

（1）现场司驾人员必须身穿工装，必须系好纽扣或拉好拉链、系好袖扣。进入驾驶室前必须佩戴安全帽，但允许进入驾驶室后暂时性摘除，一旦离开驾驶室必须重新佩戴。佩戴工作手套，以有防滑耐磨功能的为佳。配穿防滑耐磨耐油工作鞋。由于作业基本上在野外，允许司驾人员根据各自情况自行决定是否佩戴防日晒防紫外线的护目镜。应该根据机械设备的噪声情况决定是否佩戴耳部防护装具。现场起吊车辆司驾人员必须配备通信器材，并保证通信器材完好，通信畅通。所有司驾人员必须具备资质证书并在项目经理部备案。

凡是直接参与起重作业的现场配合作业人员都必须持有起重资质证件，并在承包单位相关部门留有备案。

（2）现场配合吊装作业的人员必须佩戴安全帽。必须身穿工装，必须系好纽扣或拉好拉链、系好袖扣。佩戴工作手套。配穿防滑耐磨工作鞋。允许根据个人情况和环境条件佩戴防日晒防紫外线的护目镜。根据现场噪声情况决定是否佩戴耳部防护装具。现场负责人应根据现场情况决定是否要求作业人员佩戴防尘口罩。

（3）现场设专职指挥人员，允许配备适当的辅助人员，但必须明确辅助人员无指挥权。指挥人员必须配备通信工具，并保持通信畅通。

（4）现场业主单位基建负责人、安全监察人员、风电场项目技术负责人、设计单位人员、产品生产单位人员和监理人员等必须始终在吊装现场，具体监督和协调作业。所有这类人员必须配备与使用和现场配合作业人员完全相同的安全防护装具。

3.5 叶轮整体吊装

3.5.1 叶轮吊装前施工准备

（1）安装轮毂用的高强度螺栓连接副由一个螺栓和一个垫片

构成。螺栓连接副必须使用同一供应商的产品。垫片内孔上的倒角必须朝向螺栓。高强度螺栓在螺纹处和垫片上表面涂抹 MoS_2，螺栓涂抹时应确保螺纹的最后几扣螺纹都均匀涂抹，垫片上表面应确保螺栓头与垫片的接触位置均匀涂抹，垫片的下表面严禁涂抹润滑膏。

（2）轮毂内部的杂物清除干净，没有工具等异物遗漏在轮毂内部。叶片及导流罩表面的灰尘等清除干净。轮毂与主轴相连接的螺栓孔内的沙土全部清理干净。

（3）叶片的后缘已经旋转到正上方（–90°）。

（4）主吊车、副吊车就位，所有吊具安装完毕；叶片后缘护板，叶片导向绳及护套安装完毕。拉绳的人员按照吊装指挥人员的指令站位。溜尾的吊车在起吊叶片时，必须使用叶片后缘的护板，且护板的位置根据叶片厂家的要求来确定，否则很容易造成叶片后缘的损坏。

3.5.2 叶轮吊装作业

叶片与轮毂的整体吊装见图 3–9。

图 3–9 叶片与轮毂的整体吊装

（1）主吊车吊住轮毂，副吊车吊住第三个叶片上的宽吊带，将组装好的叶轮整体水平吊起1人高左右，然后去除轮毂运输底座，安装双头螺栓，切记旋入法兰的一头不可涂抹MoS_2，且动作要快，为保证安全，尽量减少在轮毂下的时间。主副吊车配合，拉导向绳的人员听从指挥命令，协调一致，使叶轮从起吊时的水平状态逐渐倾斜。当叶轮上升到一定高度时，主副吊听从指挥命令，主吊继续上升，副吊上升减缓，叶轮倾斜至一支叶片朝下，且叶尖不会触地，离地至少2m，副吊根据指挥命令停止上升，主吊继续上升,，使叶轮在空中完成90°的翻转（叶轮由水平状态变成竖直状态），下一支叶片竖直向下，主吊继续上升，副吊对轮毂的吊带自动滑落，依靠主吊车把叶轮慢慢吊起。在叶轮起吊过程中，必须有足够的人员通过牵引2个叶片护套上的导向绳来控制叶轮在空中的位置，否则，由于风的影响，很难使叶轮与机舱主轴连接法兰对接上。

（2）当起吊高度与机舱高度大致相同时，将叶轮缓慢与机舱对接就位。在叶轮与机舱对接就位过程中，应防止由于轮毂上张口而造成竖直向下的叶片叶尖部位撞击塔筒。如果在叶轮就位过程中出现上张口现象，则应利用在吊装机舱前预先放置其内的2个2t倒链和2根钢丝绳调整叶轮就位位置，即将倒链一端固定在增速箱的吊点上，一端固定在导流罩的支撑架上，通过调整倒链来调整叶轮的位置。在叶轮与机舱的端面进行就位时，应防止轮毂撞击机舱前部的防雨槽。在机舱内靠近机舱与叶轮对接临边作业的安装人员必须事先系挂好安全带的二次保护绳，并注意主吊吊臂动作方位，防止不慎被叶轮挤伤，机舱指挥和地面指挥密切沟通，时时掌握吊装情况，保证叶轮吊装顺利完成。

（3）轮毂与机舱对接时，一旦轮毂螺栓对准发电机主轴法兰，即将主轴上部露在外部的16个螺栓孔全部穿上螺栓，采用对角法紧固螺栓，用电动力矩扳手打力矩至指定力矩，摘掉轮毂吊具。

（4）拉动叶片导向绳旋转叶轮（同时，在机舱内，用人工在增速箱高速轴处盘车），摘掉一个护套。再穿入 1/3 的螺栓，用电动力矩扳手打力矩至指定力矩。

（5）拉动叶片导向绳继续旋转叶片（同时，在机舱内，在增速箱高速轴处盘车），摘掉另一个护套。穿入余下的螺栓，用电动力矩扳手打力矩至指定力矩。

这里需特别注意的是，在整个叶轮起吊安装的过程中，拉绳人员必须服从地面吊装人员的指挥，整个吊装过程中确保叶片护套不能脱离开叶片。

（6）用液压扳手采用“对角”法对螺母施加指定力矩。在盘车打力矩过程中，严禁用定位销进行叶轮的制动，应当使用液压站的手动刹车功能对叶轮进行制动。只有在微风的情况下，才允许受过产品生产单位培训的安装人员操作定位销对叶轮进行制动。

（7）力矩打完后，使用液压力矩扳手按要求力矩进行 100% 检查。一旦发现有螺栓松动或未紧到位，必须重新检查整个法兰的螺栓。

（8）力矩作业完成后，安装好轮毂吊装孔盖，把轮毂内的重载连接器与轮毂内的插座连接好，把变桨控制柜的门关闭好。把高速轴液压闸松开，使整个叶轮处于自由状态。

（9）由于螺栓的各个批次不一样，所以力矩值也随之改变，但是最终的力矩值必须以设备厂家提供的数据为准。

3.5.3 叶轮吊装注意事项

（1）风机叶轮吊装过程中必须严格注意当时风速，风速大于 10m/s 时不得进行吊装作业。

（2）叶轮吊装时，必须使用专用的吊装工具。使用前，必须检查吊装工具的外观和合格标识，只允许外观无瑕疵、吊具合格标识完整的吊具在现场使用。如有不符合要求或条件的，必须立即更换，以保证吊装作业的顺利进行。使用时，吊车司驾人员、地面配合吊装人员必须在指挥人员的指挥下，协调一致，缓慢起吊。起吊过程中，吊装作业配合人员须认真检查，不断调整吊具吊索位置，确保所有吊索同时被拉紧，且没有弯曲、扭转或触碰到任何东西或物件。确保专用吊具使用的螺栓均为合格螺栓。一旦发现个别螺栓有损伤，必须立即更换合格的螺栓。在螺栓紧固过程中必须注意力矩值。

（3）叶轮吊装就位时，上下配合必须使用通信设备。包括吊车司驾人员、地面与空中指挥人员、导向绳牵引负责人等都必须按需配备，并保证通信畅通。

（4）连接螺栓紧固之前，螺栓头下部和螺纹必须涂抹 MoS_2。

（5）连接螺栓及垫片必须按照产品生产单位规定的要求选用，拧紧力矩同样依据产品生产单位要求进行操作。

（6）螺栓紧固时，必须按照产品生产单位规定的方法，使用大小合适的力矩扳手，以对角法交叉进行紧固。

3.5.4 叶轮吊装现场安全防护措施

（1）现场司驾人员必须身穿工装，必须系好纽扣或拉好拉链、系好袖扣。进入驾驶室前必须佩戴安全帽，但允许进入驾驶室后暂时性摘除，一旦离开驾驶室必须重新佩戴。佩戴工作手套，以有防滑耐磨功能的为佳。配穿防滑耐磨耐油工作鞋。由于作业基本上在野外，允许司驾人员根据各自情况自行决定是否佩戴防日晒防紫外线的护目镜。应该根据机械设备的噪声情况决定是否佩戴耳部防护装具。现场起吊车辆司驾人员必须配备通信器材，并保证通信器材完好，通信畅通。所有司驾人员必须具备资质证书并在项目经理部备案。凡是直接参与起重作业的现场配合作业人员都必须持有起重资质证件，并在承包单位相关部门留有备案。

（2）现场配合吊装作业的人员必须佩戴安全帽（建议在塔筒内作业人员的帽体上加装自带式照明，以解决塔筒内无照明或照明不足的问题）。必须身穿工装，必须系好纽扣或拉好拉链、系好袖扣。佩戴工作手套。配穿防滑耐磨工作鞋。允许根据个人情况和环境条件决定是否佩戴防日晒防紫外线的护目镜。根据现场噪声情况决定是否佩戴耳部防护装具。现场负责人应根据现场情况决定是否要求作业人员佩戴防尘口罩。

（3）在轮毂内作业时，作业人员必须佩戴安全帽和防护手套，穿防穿刺安全鞋。

（4）在进行叶轮与机舱对接吊装作业中，现场必须设专职监护和指挥人员。

（5）叶轮与机舱连接对孔、穿紧螺栓、螺栓打力矩等作业时，必须在塔筒内指挥的指挥下协调一致，防止工器具对现场人员造成伤害。

（6）现场设专职指挥人员，允许配备适当的辅助人员，但必须明确辅助人员无指挥权。指挥人员配备通信工具，并保持通信畅通。

（7）现场业主单位基建负责人、安全监察人员、风电场项目技术负责人、设计单位人员、产品生产单位人员和监理人员等必须始终在吊装现场，具体监督和协调作业。所有这类人员必须配备与使用和现场配合作业人员完全相同的安全防护装具。

4 风电场风机调试

风电场基建阶段除去升压站建设和线路架设外，在完成风机基础土建和塔架安装、机舱安装后的最重要作业内容就是风机的调试。

风机目前主要有双馈和直驱两大类型，本文侧重以 1.5MW 永磁直驱全功率整流水冷风力发电机组为典型机组叙述。不同容量的直驱和双馈型机组不同部分基本未涉及，但总体就安全作业的辨识、要求和目的而言，应该可以将本文作为参考。

1.5MW 永磁直驱全功率整流水冷风力发电机组调试作业主要包括主控系统调试、水冷变流系统调试、变桨系统调试等。

主控系统调试包括主控制柜网侧上电、低压配电柜上电、程序下载、机舱柜上电、机舱通信系统检测、液压系统测试、偏航系统测试、测风系统测试、主控系统信号监测、安全链回路测试、并网测试等。

水冷变流系统调试包括水冷系统上电、水冷系统加水、水冷回路检查（静态）、水冷系统主循环泵测试、水冷电加热器测试、水冷散热风扇测试、水冷回路检查（动态）、变流系统上电、电压检查、变流程序下载、拖动功能测试、预充电、空开闭合测试等。

变桨系统调试包括减速器油位检查、变桨系统上电、电压检查、变桨通信部分调试、变桨风扇和加热器测试、手动变桨测试、接近开关测试、自动变桨测试、齿形带张紧度测试等。

由于风机动力电缆是随机舱吊运安装时一起运达风机顶部

的，而二次保护电缆、通信光纤电缆等线缆则必须在调试前通过风机尾部机舱内置吊车运达机舱，并在调试前将动力电缆和二次保护电缆、通信光纤电缆等按照技术要求和规范进行安装、排线及电缆线头的正确连接，经过技术验收合格，以保证风机调试工作的顺利进行。

4.1 风机调试的基本条件及安全要求

4.1.1 调试基本条件

风机调试作业应该达到如下基本条件方可进行。

（1）接地系统已达到风电机组防雷接地系统安装规范工艺要求。

（2）机组吊装、接线完毕并通过安装检查验收。

（3）箱变低压侧已经上电，相序正确，相间、单相对地均无短路现象且相间电压值为 690V±5%VAC（个别早期机组为620V±5%VAC）。

4.1.2 安全要求

4.1.2.1 调试人员要求

（1）身体健康，具备基本的电气安全操作常识，通过三级安全教育培训及考试，取得电工证和高处作业证，持证上岗。

（2）具备通用电气设备基本理论和知识，掌握风机结构与各系统基本理论和知识。

（3）有风力发电机组对应容量的整机调试经验或参加过调试培训且成绩合格。本书以 1.5MW 风机调试为例，故要求具备1.5MW 整机调试经验或培训合格。

4.1.2.2 风电机组调试的一般规定

（1）操作过程注意安全，以“现场安全规范”要求进行；严格执行工作票制度，履行监护制度，工作许可制度，工作间断、转移制度，工作终结制度。若涉及动火必须开具动火工作票。

（2）箱变给机组送电合闸过程，全体工作人员撤出风机，待上电后无异常现象并须经工作负责人确认同意方可进入风机；严格按照各种测试仪器的使用说明进行操作；机组上电前做好上电前的接线检查和参数核查工作，只有经核查符合风机设备说明书规定的基本条件方可开展风机设备的调试作业。

（3）机舱调试必须严格执行以下规定：

1）风速≥12m/s 时，不得打开机舱盖（含天窗）；

2）风速达到 14m/s 时，须关闭机舱盖；

3）风速≥12m/s，不得在轮毂内工作；

4）风速≥18m/s 时，不得在机舱内工作。

（4）测量网侧电压和相序时必须佩戴绝缘手套，配穿耐压绝缘工作鞋并须站在干燥的绝缘台或绝缘垫上。风电机组启动并网时，任何人员不得靠近变频器；检查和更换电容器前，必须将电容器充分放电。

（5）检修液压系统时，须先将液压系统泄压；拆卸液压部件时，须佩戴耐油耐酸碱防护手套和护目眼镜，以确保避免液压油对作业人员的手部、眼睛的意外伤害。

（6）风电机组测试工作结束，须核对机组各系统的所有被调试项保护参数，恢复正常设置；超速试验时，所有调试人员必须全部撤离下塔，仅允许在塔架底部控制柜进行操作，任何人员不得滞留在机舱和塔架爬梯上，且须配有专人监护。

（7）调试结束后，必须认真检查风电机组各系统部件状态是否已经恢复原位，特别应该检查风电机组叶轮锁定是否松开，风电机组叶轮锁定未松开时，严禁启动机组。

（8）进入轮毂或在叶轮上工作，必须首先将叶轮可靠锁定，锁定叶轮时不得高于机组规定的最高允许风速；机舱人员进入轮毂之前，必须提前和轮毂内作业人员沟通，得到允许后方可进入；进入轮毂后，必须确定导流罩连接螺栓及垫片齐全且紧固，导流罩舱门固定紧固，才可以作业；调试人员退出轮毂时必须将轮毂内打扫干净，清点所携带的工器具种类、数量，必须保证其与进入作业时相同，轮毂内不得留下任何工具及杂物。

（9）兆瓦级别机组以变桨距机组（是指整个叶片绕叶片中心轴旋转，使叶片攻角在一定范围内变化的风力发电机组）为主。进入变浆距机组轮毂内工作，必须首先将变浆机构可靠锁定；进行变桨操作时，轮毂外（导流罩内）必须有人配合监控变桨情况，使用通信设备进行沟通，且执行变桨操作时外部配合人员不得接近变桨旋转部件；调试变桨时严禁同时调试多支叶片，每次只能调试一支叶片。

（10）严格遵守叶轮作业技术要求，严禁在叶轮转动的情况下插入锁定销，严禁锁定销未完全退出插孔前松开制动器。

（11）作业时使用的吊篮（也称吊篮脚手架），须符合 GB 19155—2017《高处作业吊篮》相关标准技术要求。工作温度低于零下 20℃时严禁使用吊篮，当工作处阵风风速＞8m/s 时，不得在吊篮上工作。

吊篮作业是一项十分危险的工作，必须严格按照吊篮使用标准和作业规范，从吊篮材料的选用、组装，作业人员选配、资质审查、技能技巧水平、安全防护意识和装备配备配用，监护人责任心与监护技巧等方面加以综合考虑和权衡，以确保避免高坠事故或高处物件击打伤害等事故的发生。

吊篮作业安全要求如下。

1）所有作业人员须经过严格的培训、考核并合格，无任何不得参与高处作业的疾病，具备良好的心理素质和体质体能，具有高处作业的专业培训和上岗资质，熟练掌握高处作业紧急救援的基本技术和救援心理，具有较为强烈的安全防护意识和团队合作精神。必须明确吊篮作业人员是特种作业人员。

2）作业所使用的吊篮、挑梁（支撑件）必须经过严格的可靠性设计计算和各项验算，严格执行 GB 19155 规定的技术条件和设计要求。

3）使用吊篮必须确保吊篮的升降机构、限速机构、控制装置及安全保险设备，尤其是防坠落装置的完好。要求吊篮升降做到匀速上升或下降，且运动速度适中，不得过快或猛升急降，任何时候都不允许吊篮发生一端高、一端低的情况。升降过程中必须避免发生吊篮撞击塔体。

4）依据 GB 19155 规定，吊篮脚手架不得超负荷，极限数值为 120kg/m^2，通常规定每个吊篮的使用最大限载为 300kg。

5）现场使用中，作业人员和安全负责人（安全监护人）对跨天作业的（即一天无法完成作业的），依据工作票的规定内容和安全管理要求，须坚持每天对吊篮脚手架进行检查，尤其是关键部位和安全装置须加以特别认真的检查，如若发现隐患，须按照隐患排除管理办法，上报相关部门，组织进行对应的隐患排除，确保吊篮脚手架的完好性。

6）吊篮上所使用的工具材料应码放平稳，防止坠落。

7）吊篮出现故障后，必须由专业人员维修，严禁非专业人员私自拆改。

8）距高压线（按照 GB 26859，GB 268560，GB 26861 规定，所谓高压应≥1000V）10m 范围内严禁使用吊篮。

9）必须在吊篮下方设置警戒线或安全通道，按一定距离设置安全警戒标识，并应配备专职的安全监督人员。

10）吊篮升空作业范围内应清除各种异物或障碍物，对于固定异物或障碍物应设置明显的安全警示标识。

11）在吊篮中作业人员必须系挂风电专用的带有防坠功能的全身式安全带，并且通过二次保护安全绳防止高坠事故的发生，二次保护绳必须系挂在塔筒的外置系挂点上（一般系挂于吊篮的保险钢丝绳或安全绳上）。

12）使用吊篮进行塔筒外作业须事先检查吊篮系统的质量，明确吊篮内作业人员的分布，且确保不超员。建议作业时，最好明确每一位作业人员的作业位置，即在吊篮中作业的人员名单和位置，以做到责任到人。

4.1.2.3　接近风机进行作业及攀爬时的安全要求

（1）雷电天气，严禁任何人员接近或进入风机。由于风机自身传导雷电流，因此，接近或进入风机作业，必须在雷电过去 1 小时以上，且须持有有效工作票，方可进行作业。

（2）开启的塔架门必须完全打开并加以固定，防止和避免发生意外伤害事故。

（3）塔筒内作业时，须在塔架门外显著位置悬挂“有人作业，非相关人员禁止进入”的安全警示牌，防止非相关人员进入，触动设备。

（4）作业人员必须正确佩戴安全帽，下颚带必须锁止在下颚部，以保证在进出塔筒、机舱等低矮部位时安全帽不会脱落，避免因安全帽不慎脱落而引发人身伤害事故。由于机组并未上电，塔筒内无照明或虽有临时照明，但照度不能满足调试作业要求时，应该在安全帽正上方或耳部侧外方加戴头盔式电筒，以提供作业人员自身照明。配穿防滑耐磨工作鞋，特别注意鞋底根部磨损程度，当跟部磨损超过原厚度的 1/2 时（不论一双鞋的单只还是一只鞋的单边），必须更换新鞋，以保证工作鞋的安全防护作用。

（5）攀爬塔筒塔架前，凡要登塔的作业人员必须配穿在合格期内的全身式安全带，建议选用风电专用全身式防坠安全带。穿用前必须认真检查安全带的外观和带体上的合格标志及在预试合格周期内，只有经检查且符合要求的安全带方可穿用。如安全带有可疑损坏、不安全或不符合要求的，则必须立即更换新的安全带，并重新进行检查，只有经检查合格的方允许穿用。穿用时必须按照使用说明书要求与方法正确穿用，以确保安全带能够起到安全保护作用。

进入塔筒，必须认真检查塔筒塔架的爬梯状况，只有爬梯完好，系挂自锁器的钢索（或安全导轨）紧固可靠方可登梯攀爬。

攀登爬梯时，必须将安全带上的自锁器在登梯时即锁扣于位于爬梯上的攀爬安全钢索（或安全导轨）上，并经上下滑动自锁器，检查自锁器在钢索（或导轨）上的灵活程度及自锁效果（按照标准要求，自锁器突然下坠时，必须下滑距离在0.2m范围内锁止方为合格）。只有自锁器按照正确使用方法可以自由移动且瞬间下坠时能即刻锁止，方可开始攀爬。

当进入安全平台时，必须立即将二次保护安全绳拴挂在爬梯的梯架上，然后盖上安全平台的安全门，并加以锁闭，然后观察上一段塔筒情况，如上一段塔筒梯架上无人攀爬，即允许摘除二次保护绳，进行下一段爬梯的攀爬。

如攀爬时还带有其他二次保护器具等，同样须在开始攀爬前对器具进行认真的检查，仅允许符合技术规范和要求，并在试验周期内的合格器具方可在攀爬现场使用。

（6）攀爬过程中，同一段塔筒爬梯上仅允许一人在攀爬，只有该人员到达一个安全平台后，并将安全平台的安全门已经关闭，后一位攀爬人员方可开始攀爬。同一节塔筒上，不得有2人同时在攀爬。

（7）攀爬过程中，由于机组并未上电，塔筒内无照明或有临时照明，但由于照度达不到实际需要时，为避免发生踏空事故，每到达一层平台休息时，须先伸出一只脚确认是否到达平台，然后再落地休息。

（8）攀爬作业时，随身携带的小工具或小零件必须放置于封闭的帆布袋中或工具包中，固定可靠，防止引发高处坠物伤害事故。一般而言，登梯上机舱作业所需随身工器具不多时，应尽可能由一人独自携带。登塔前应清理工器具的种类、件数，以便下塔时核查，防止作业完成后有工器具等物件遗漏在机舱内，尤其是严防机舱内设备或部件中遗留工器具。另外，为确保安全，携带工器具的登塔人员应最后一个登塔而第一个下塔（“后上先下”），以防止或避免因各种原因导致随身工器具从密闭的工具包中滑落引发物件高坠伤人事故。塔筒内或机舱内使用的重物必须由布设在机舱尾部的机舱内置吊车输送。

4.1.2.4　风机调试的安全要求

（1）调试时，须将风机“远方/就地”模式切换至“就地”模式，使风机处于“维护”状态，调试期间须在控制盘、远程控制系统操作盘处悬挂“禁止操作，有人工作”字样的安全警示牌。

（2）在机组静态调试期间，叶轮转子须处于锁定状态，风速≥10m/s 不得进行静态调试。

（3）独立变桨机组调试变桨系统时，严禁同时调试多支叶片。

（4）机组其他调试测试项目未完成前，严禁进行超速试验。

（5）新安装风电机组在启动前必须具备以下条件：

a. 各电缆连接正确，接触良好；

b. 设备绝缘状况良好；

c. 相序已经校核，严格测量电压值和电压平衡性；

d. 检测所有螺栓力矩达到标准力矩值；

e. 正常停机试验及安全停机，事故停机试验均无异常；

f. 完成安全链回路所有元件检测和试验，并正确动作；

g. 完成液压系统、变桨系统、变频系统、偏航系统、刹车系统、测风系统性能测试，达到启动要求；

h. 核对保护定值设置无误；

i. 填写风电机组调试报告。

4.2 准备工作

风力发电机组调试工作一般由风机设备厂家现场工程项目部（简称项目部）来完成。项目部必须遵循电力系统安全工作规程和业主单位现场作业安全管理实施细则编制具体的安全作业指导书，指导书应包括工作票内容、要求、作业班成员、具体分工与责任、工作负责人、工作许可人、对应实施调试设备的具体情况和危险点、危险源分析、辨识，相对应的保证安全的技术措施与组织措施及一旦发生特殊情况的应急预案（包括现场紧急抢救和预案应急响应等级与方法等），并报上级及监理单位、业主单位审批与备案。项目部在编制作业指导书中必须根据实际需求设置调试小组，一般每组 4 人，设置 1 名组长、1 名安全员，并配备 1 名司机和 1 台车辆。调试小组成员根据各自分配的调试任务进行协调配合作业。调试小组工作前应进行安全班会进行安全宣讲和安全技术交底。小组人员需正确地配穿配用必需的个人安全防护用品（PPE），如工作服（含防寒工作服）、安全帽、安全防护鞋、安全带、安全绳等。此外，作业班成员还应根据调试内容的不同，配备、配穿、配用绝缘手套、绝缘鞋（靴）、防毒口罩（或防毒面具）、对应作业要求的相关防护目镜、耳塞（或耳罩）、特殊性能要求的面罩（或面屏）、特殊性能要求的手套（如耐酸碱手套）等特备安全防护器具或装具。每班还应带有高处作业应急救援装具，以备发生紧急情况时应急自救。

4.2.1 工器具准备

进行工作时，首先准备调试用工器具及仪器仪表，按照调试需求工器具及仪器仪表清单，从工器具库房取出相应工器具及仪器仪表。将工器具及仪器仪表搬运装入车辆货斗过程中，存在搬运物品划伤、磕碰、砸伤的危险，因此必须佩戴防护手套（建议佩戴耐磨防滑工作手套为宜），并且不得强拉硬拽搬运。对于较重的测试设备，不主张采用人工搬运的方式装卸，建议通过机械吊运或机械运转和机械升降抬运等方法装卸。少数较轻的测试设备允许人工搬运，但必须采用正确的方法。人工搬运时，不得采用弯腰搬运的方法，因弯腰搬运极易造成腰部损伤，而应该采用下蹲式搬运方法，即搬运物件时采用下蹲的方法搬取物件，然后直立，再行走搬运的方法。如果下蹲式方法无法搬动测试设备或部件，又无机械搬运设备，则一定采用多人协作的方式进行搬运，这时必须强调多人搬运之间的协调一致，以免由于协调失误引发设备脱手损伤设备或设备击打、磕碰伤人事故。搬运物件过程中，由于一般库房空间安排比较密集，注意避免碰撞库房货架，避免损坏设备及保证人身安全。为应对可能的人身伤害事故，随车应携带急救药箱，配备常用急救药品及医疗器具。

4.2.2 车辆及驾驶

司驾人员在确认乘员全部上车、车门全部关严后开始启动车辆，严禁乘员正在进入车辆时行驶车辆，造成人员受伤事故。所有司驾、乘坐人员均应系安全带。严禁人货混装或货车载人。司驾人员应提前规划好行程，明了运送人员及设备去往指定风力发电机组的路线，掌握沿途路况及环境，确保行车安全。由于风电场位置一般较偏僻，应选择路况较好、熟悉的线路行驶，避免在行驶途中遇险或迷路。司驾人员必须十分熟悉风电场布局，明了各编号风塔及其具体位置，掌握风电场及风塔道路情况。行驶时，精神必须高度集中，随时观察路标、路牌提示，沉着应对急弯险道，保证行车安全。

4.2.3 进入风机

调试用车辆行驶至风机位置后，调试组长（工作负责人）应先观察风机状态是否正常，有无物体高空坠落危险，确认正常后再下车。现场召开班前会，根据工作票和作业指导书进行作业技术交底和安全交底，并要求作业班成员逐一明确各自作业任务及对应的危险源，明了辨识与防范方法，再次检查（或互查）作业班成员个人安全防护装备或装具的配备与穿戴正确与否，发现问题当场给予纠正和解决，杜绝作业前就“带病”，保证作业安全。一切检查无误后，方可进入风机开始作业。

风机底层平台一般高于地面，并由钢结构踏板带扶手梯子与塔筒门相连。上下梯子时确认梯子牢靠、避免踏空、跌落等。上至梯子平台打开塔筒门，即须将塔筒门固定锁销插入锁孔，锁止塔筒门，在塔筒门显著位置悬挂“有人工作，严禁关门”的警示标识牌，避免塔筒门被误关和因大风吹动塔筒门碰撞挤伤进出人员造成事故。

在将工器具备件搬运至塔筒底平台过程中也要注意安全，避免磕碰、击打等伤害，同时还应注意搬运过程中，被塔架基础平台梯的梯脚等磕绊而致使引发人身伤害事故。

4.3 主控系统调试

4.3.1 主控柜调试

（1）网侧上电。

打开风机网侧接入电缆柜门，使用万用表测量网侧三相入线有无电压。确认无电压后，测量三相相间、单相对地绝缘。确认均无接地短路现象。将箱变断路器合闸，检查网侧三相入线相序正确，且相间电压值为690V±5%VAC（个别早期机组为620V±5% VAC）。

（2）低压配电柜上电。

依次闭合低压配电柜内断路器、刀熔开关、空气开关。测量各开关出线侧电压是否正常。

（3）程序下载。

将机组 PLC 程序通过笔记本电脑下载灌装至机组 PLC 模块中，将就地显示面板程序下载至机组面板电脑中。

4.3.2 主控柜调试危险源分析与辨识及安全防范

网侧上电时存在触电风险，应佩戴绝缘手套，主控柜地面须铺设绝缘垫板。为有效防止上电作业时可能的电弧灼伤，根据 DL/T 320—2010《个人电弧防护用品通用技术要求》的规定与要求，作业人员应配穿一级防护用防电弧服和对应的面屏、手套等电弧防护专用装具，以避免开关漏电或电弧伤害上电作业人员。

使用万用表测量电压时，应注意以下使用方法及安全注意事项。

（1）如果无法预先估计被测电压或电流的大小，则应先拨至最高量程挡测量一次，再视情况逐渐把量程减小到合适位置。测量完毕，应将量程开关拨到最高电压挡，并关闭电源。

（2）满量程时，仪表仅在最高位显示数字“1”，其他位均消失，这时应选择更高的量程。

（3）测量电压时，应将数字万用表与被测电路并联。测电流时，应与被测电路串联，测直流时不必考虑正、负极性。

（4）当误用交流电压挡去测量直流电压，或者误用直流电压挡去测量交流电压时，显示屏将显示“000”，或低位上的数字出现跳动。

（5）禁止在测量高电压（220V 以上）或大电流（0.5A 以上）时换量程，以防止产生电弧，烧毁开关触点。

（6）当显示“BATT”或“LOWBAT”时，表示电池电压低于工作电压。

尤其应当正确选用交直流挡和量程，防止误选误用导致测量仪表的损伤或烧毁。

箱变合闸操作一般由业主单位的作业人员操作，因此，调试人员必须和业主单位事先协调，编制作业方案，现场通过及时沟通和密切配合，共同完成调试作业。必须在作业指导书中编制针对可能的各类隐患、事故的处理预案，并在现场配备必要且充足的相应器材和工具。若箱变合闸过程中导致设备或线缆发生漏电或起火现象，必须立即使用干粉灭火器灭火。

使用兆欧表进行绝缘测试、电压测量等作业时，必须严格遵守万用表的安全使用要求，且必须 2 人进行作业，相互保护与监督，避免触电及二次伤害。使用兆欧表测量绝缘电阻时应注意如下问题：

（1）测量前应正确选用表计的规范，使表计的额定电压与被测电气设备的额定电压相适应，额定电压 500V 及以下的电气设备一般选用 500～1000V 兆欧表，500V 以上的电气设备选用 2500V 兆欧表，高压设备选用 2500～5000V 兆欧表。

（2）使用兆欧表测试前，首先鉴别兆欧表的好坏，先驱动兆欧表，其指针可以上升到“∞”处，然后再将两个接线端钮短路，慢慢摇动兆欧表，指针应指到“0”处，符合上述情况表明兆欧表正常，否则不能使用。

（3）使用时必须水平放置，且远离外磁场。

（4）接线柱与被试品之间的两根导线不能绞线，以防止绞线绝缘不良而影响读数。

（5）测量时转动手柄应由慢渐快并保持 120r/min 转速，待调速器发生滑动后，即为稳定的读数，一般应取 1min 后的稳定值，如发现指针指零时不允许连续摇动手柄，以防线圈损坏。

（6）在雷电情况下，禁止使用仪表进行测量，只有在设备不带电，且同时不可能受到其他感应电而带电时，才能进行。

（7）在进行测量前后，必须对被试品进行充分放电，以保障设备及人身安全。

（8）测量电容性电气设备的绝缘电阻时，应在取得稳定值读数后，先取下测量线，再停止转动手柄。测完后立即对被测设备接地放电。

（9）禁止仪器长期剧烈震动，防止仪器受损影响测量精度。

（10）仪表在不使用时应放在指定的地方，环境温度不宜太热和太冷，切勿放在潮湿、污秽的地面上。

开关、熔断器、刀闸上电时要先确认开关所在回路绝缘良好、无短路，操作时必须佩戴绝缘手套，开关、熔断器、刀闸地面须铺设绝缘垫板。为有效防止上电作业时可能的电弧灼伤，根据DL/T 320的技术要求，作业人员应配穿一级防护用防电弧服和对应的面屏、手套等电弧防护专用装具，避免开关漏电或电弧烧伤。若电气设备起火，必须立即使用塔底进门处配有的干粉灭火器灭火。

4.3.3 机舱部分调试

（1）攀爬塔筒。

塔底调试工作完成后，开始进行机舱内调试。作业人员需沿塔筒爬梯攀爬至机舱平台，上至机舱平台后，使用对讲机等通信设备与塔底人员进行沟通。

（2）机舱柜上电。

塔上、塔下人员配合，塔下人员在塔底合上低压配电柜机舱电源空开，塔上人员在机舱检查确认机舱控制柜电源入线侧电压及相序正常。依次闭合机舱柜内各开关，但液压站电源除外。

（3）电压检查。

用万用表测量各电压等级回路、电源模块电压是否正常。

（4）机舱部分通信调试。

检查各个通信子站状态是否正常。各通信子站电源指示灯是否长亮，运行指示灯是否长亮。若不长亮，检测通信子站模块是否正常，光纤插头是否插紧、DP 接头内部接线是否可靠紧固、接线正确。

（5）液压系统测试。

1）液压回路检查。检查液压站和油管衔接处、偏航刹车和油管衔接处是否存在渗油和漏油现象。如果存在渗漏油现象，立即切断机舱柜内液压泵电源，然后将液压站泄压阀旋松泄压，处理管道渗漏油。

2）液压站测试。液压站上电，开始建压，观察液压站系统压力指示表显示压力是否在正常范围内，同时再次检查液压站和油管衔接处、偏航刹车和油管衔接处是否存在渗油和漏油现象。如无渗漏油现象，系统压力仍未达到要求，需要调节液压站压力继电器，直到系统压力在正常范围内。

（6）叶轮锁定传感器测试。

使用金属器件遮挡左侧叶轮锁定接近开关探头处，观察就地监控显示器界面上“环境/机器设备/控制柜”一栏中“左侧叶轮锁定”信号是否给出，释放后，从就地监控软件上观察信号是否恢复，并调节接近开关与感应铁杆的垂直距离为 3～4mm。右侧叶轮锁定测试方法与左侧相同。

（7）机舱内置吊车功能测试。

通过对机舱内置吊车进行手柄操作，检查机舱内置吊车相序是否正确，并将提升铁链（有机组配置的为钢丝绳）导入机舱内置吊车链盒内。

若机舱内置吊车相序不正确，需要倒接机舱内置吊车电源线，应先断开电源开关，使用万用表检查无电后，再使用螺丝刀拧开压接螺丝，倒换接线，注意不要看错端子，防止接错线号及螺丝刀误碰带电端子引发触电等事故。

将机舱内置吊车链条导入链盒内时，一人操作手柄，一人捋顺链条。将链条捋顺全部导入链盒后可以进行吊物操作，将调试用较重较大物品通过机舱内置吊车吊至机舱。

（8）偏航减速器油位检查。

偏航减速器油位必须在油窗 1/2 以上，否则需要添加润滑油。

（9）偏航位置传感器测试。

1）偏航 0° 位置确定。在机组偏航之前调节凸轮，通过面板偏航位置进行比较校准初始 0° 位置；也可以调节电阻值，拆去位置传感器的外部接线，调节尼龙齿轮盘，使 1 和 2 间阻值等于 2 和 3 间的阻值（注意测量时不可以带电测试）。调整好初始 0° 后，在调节凸轮之前不得碰转凸轮齿轮盘。

2）扭缆限位触发设定。拆下凸轮计数器，打开其端盖，将凸轮计数器凸轮调节锁定螺钉旋松。进行左右偏航限位触发设定。设定完成后，调节凸轮，测试左右偏航触发扭揽（机舱的转动被限定在一定的圈数内，防止塔筒内电缆因扭曲造成破坏）的实际位置在规定范围内。触发扭揽时，在就地监控观察：环境/机器设备/控制柜栏："扭揽开关"信号是否显示。最后将凸轮计数器凸轮调节锁定螺钉旋紧，然后重新调节凸轮到初始 0° 位置，调整好后将凸轮计数器安装在原位。

（10）润滑系统测试。

1）润滑加脂测试。进入就地监控显示器界面的"就地调试与控制"模式，点击"润滑加脂"按钮，观察润滑泵是否旋转，旋转方向与加脂罐外壳的标示方向是否一致。

2）润滑回路检查。润滑泵工作以后，检查油脂分配器及各油路接口处是否漏脂，如发现有漏脂情况则立即停止润滑加脂测试，进行处理。如一切正常，等待 10min 后观察油毡齿出脂状况，出脂表示润滑加脂工作正常，停止润滑加脂测试。在就地监视器界面点击“润滑加脂 Off”退出测试。

（11）测风系统测试。

1）风向标测试。通过就地监控面板检查风向标数据是否符合实际情况（根据风向实际情况，可以手动调整 90°、180° 和 270° 来分别观察风向标对应情况）风向标标头正对机头为 180°。如果发现对风不正确，松掉风向标底座顶丝（或螺栓）重新调整风向标标识“S 线”正对机头，或“N 线”正对机尾。调整完毕后固定底座顶丝（或螺栓）。如果对风仍不正确，请检查风向标是否损坏。

2）风速仪测试。通过就地监控面板检查风速仪数据是否符合实际情况（可以手动拨动风速仪，观察数据是否正常）。

（12）主控系统信号监测。

1）温度信号监测。观察就地监控显示器界面上环境温度、柜体温度、发电机绕组等温度是否正常。

2）电网信号监测。观察就地监控显示器界面上网侧电压电流值是否正常。

3）机舱加速度信号监测。拆下机舱加速度传感器，将机舱加速度传感器外壳标示的坐标 X 轴正轴竖直向下，观察就地监控软件 X 方向加速度为 $0.5g$；将机舱加速度传感器外壳标示的坐标轴 Y 轴正轴竖直向下，观察就地监控软件 Y 方向加速度为 $0.5g$。测试完毕后，按照原安装方式恢复安装，注意机舱加速度传感器坐标轴安装方向，应和原安装方式一致。正常情况风速小于 18m/s，X 和 Y 方向加速度值应小于 $0.05g$。

4）叶轮转速传感器测试。检查叶轮转速 1 和叶轮转速 2 的接近开关与齿形盘的距离是否为 4mm，如不是则调整至 4mm。使用金属器件遮挡接近开关的探头，然后释放，频繁进行此操作，观察机舱控制柜内叶轮转速采集模块指示灯是否正常闪烁。

5）故障信号监测。通过就地监控软件监测机组是否存在故障，如仍存在故障，排除相关故障进行下一步的步骤。

（13）安全链回路测试。

1）低压配电柜急停按钮测试。通过复位按钮清除所有故障，按下低压配电柜急停按钮，观察就地监控软件，机组是否报安全链故障，如果报出表示功能正常。

2）机舱柜急停按钮测试。通过复位按钮清除所有故障，按下机舱柜急停按钮，观察就地监控软件，机组是否报安全链故障，如果报出表示功能正常。

3）振动开关测试。通过复位按钮清除所有故障，拨动振动开关摆锤，使其摆锤偏向一方，观察就地监控软件，机组是否报安全链故障，如果报出表示功能正常。

4）扭缆测试。用端子启分别压下凸轮计数器的两个凸轮触点触发扭缆，观察就地监控软件，机组是否报安全链故障，如果报出表示功能正常。

（14）维护手柄功能测试。

通过维护手柄按钮进行叶轮刹车、偏航、变桨测试，测试偏航和变桨时需要确定实际旋转方向和手柄指示标牌一致。

（15）偏航测试。

进入就地监控软件的就地控制模式，分别点击“逆时针偏航”“顺时针偏航”按钮，连续偏航一圈，观察偏航方向是否正确，同时听偏航声音是否正常。如果有异常立即停止偏航，查找原因。如一切正常，则分别点击“逆时针偏航 Off”“顺时针偏航 Off”退出测试。

（16）偏航余压测试。

断开机舱柜内液压泵电源开关，然后将液压站泄压阀旋松，把余压表安装在偏航刹车油路末端的油口处，将液压站泄压阀旋紧，然后闭合舱柜内液压泵电源开关，从就地监控软件上强制机组偏航，观察偏航余压表的压力值，调节偏航溢流余压调节阀，使余压值符合要求。

（17）发电机绝缘测量。

测量前先确定发电机侧空气开关处于断开状态、保险处于断开状态、叶轮锁定处于锁定状态，然后使用兆欧表测量发电机单相对地、两绕组间的绝缘电阻，确认其是否正常。

4.3.4 机舱部分调试危险源分析与辨识及安全防范

攀爬塔筒爬梯的人员必须具备有效登高证，并在项目部备案和报业主单位安监部门备案。攀爬时，必须严格遵守攀爬安全要求（见 4.1.2.3 所述），攀爬前必须由工作负责人再次向作业班成员当面交代安全注意事项，并检查每位登塔人员的登高安全防护装具的配备及正确使用与否，做到防患于未然。

（1）攀爬塔筒爬梯时，存在高空坠落与高空坠物砸伤风险，应采取以下措施。

1）要正确戴安全帽，穿全身式安全带（建议配穿风电专用全身式安全带），系挂自锁器和二次保护安全绳，配穿防滑耐磨安全防护鞋，做好防坠措施。

2）攀爬加装助爬器的风机塔架，事先必须要确认助爬器安全可用，使用前必须对助爬器进行调节，使之具有合适提升重量，以保证安全助爬。

3）攀爬时应打开塔筒壁上的照明灯，若照明灯不亮，应佩戴头灯，严禁摸黑攀爬。

4）登塔攀爬过程中，每段塔筒每次仅允许一个人在塔架梯子攀爬，仅允许在前一位作业人员攀爬到本段塔体上部安全平台，并已经将二次保护安全绳系挂在塔架上，盖好安全平台出入盖板后，方允许下一位作业人员开始登梯攀爬。以此循环，完成所有登塔作业人员的攀爬。

5）攀爬过程中，要匀速前进，不能盲目追求速度，避免体力透支。攀爬过程中若感觉疲劳可以在各层平台休息，但在平台上休息时应挂二次保护安全绳。

6）上至平台时应先在平台上站稳，系挂好二次保护安全绳，关闭平台盖板，再解开安全锁扣，严禁在攀爬过程中解开安全锁扣。

7）攀爬时，所有工器具须放入密封的工具包内，并锁紧包口，避免物品坠落砸伤下部人员。

8）每次在爬塔架时，要检查梯子、平台、机舱底板是否有油、油脂、污垢或其他危险物质。必须将污染区域清洗干净，以免滑倒发生危险。

9）攀爬时携带对讲机等通信工具，并保持通信畅通。

（2）由于本文是以低压配电柜布设在塔架基础平台上的机组为典型机组加以阐述，因此，机舱柜上电必须在塔上、塔下密切配合下作业。因塔架有一定的高度，机舱又是相对密闭的，在进行机舱柜上电作业时，必须塔上、塔下通过通信联络，协调一致。因此，塔上、塔下作业人员必须根据作业指导书和现场要求配备通信器材，并保证通信畅通，作业时密切协调配合。

机舱柜上电过程中，事先须在柜体前地面铺好绝缘胶垫，若发生短路、漏电、冒烟、起火等情况，空开一般会自动跳闸，若空开未跳闸，立即佩戴绝缘手套、站柜体地面绝缘胶垫上操作断开电源开关，然后再进行后续处理。机舱上配有灭火器，可以在起火时，用于紧急灭火。

（3）机舱柜上电的电压检查时，由于是低压 690V±5% VAC（有的为 620±5%VAC），因此允许使用万用表进行检查，但必须严格遵守万用表安全使用的技术要求，对电压挡位、交直流挡位等特别加以注意，防止因错误使用造成烧表事件，延误调试周期和导致仪器仪表损坏等。

同时，检查时必须认真核查，规范作业行为，避免误操作造成端子之间短接造成短路。

（4）若通信子站不正常，进行通信回路通断检查时，由于DP接头螺丝较小，在使用螺丝刀旋松螺丝，打开设备检查时，必须十分小心，防止错位或划伤手指等身体部位。

（5）液压回路检查过程中，由于塔筒最上面一层平台和机舱平台之间空间较小，偏航刹车盘、闸体正在两层平台之间，容易磕碰头部，要正确戴好安全帽，扣好并适当收紧下颚带。人员移动或作业时，仔细观察周围情况，避免身体与机舱内设备的磕碰损伤。此平台一般无照明灯，工作时应使用头盔式电筒照明。液压站上电后，若存在漏油现象使用对应口径的扳手紧固接头螺栓时，必须佩戴护目镜和耐油耐酸碱防护手套，佩戴防毒口罩或防毒面具。系扣好衣袖、衣扣和领扣，防止液压油流渗到身上，污染和伤害皮肤。有条件的还可以配穿耐油围裙，杜绝接触液压油。

（6）叶轮锁定传感器所处空间狭小、低矮，作业时避免磕碰，上下台阶须谨慎，避免滑倒摔伤。

（7）机舱内置吊车相序接线有误重接时，作业人员需佩戴工作手套，选用适当的螺丝刀，不得用小号或大号螺丝刀强行拧松连接螺栓，防止螺丝或螺母滑扣，造成端子连接损坏而更换端子。同时，使用螺丝刀时应注意方法正确，螺丝刀刀头始终不得对人，防止刀头不慎伤害他人。螺丝刀使用时应对准所要作业的螺丝凹槽，用力适度，保证顺利装卸螺丝。

切断电源时须佩戴绝缘手套，脚下垫绝缘垫板。使用万用表时必须按照安全使用规定操作，注意事项见前述。

捋顺链条时，由于铁链较重，并可能存在油污及铁屑，须佩戴耐磨防滑防护手套，佩戴防击打护目镜，且一旦链条打结时必须立即停止机舱内置吊车的运行，防止伤及链条操作人员。链条入盒时，2 人必须密切协同配合，避免挤压等伤害。

进行机舱内置吊车功能测试及吊物时，由于机舱空间狭小且周围临时性防护围栏一般较简陋，达不到安全防护的作用，人员靠近吊物口存在高空坠落风险。因此，进行吊物测试或吊物作业，必须在作业指导书中十分明确地写明安全防护要求和设置专人担任现场监护，并严格遵照执行，以防止高坠事故的发生。

具体吊物时须先放下吊物口防护围栏，穿好安全带，系挂好二次保护安全绳，检查现场作业人员安全带穿着情况，仅允许正确穿用风电专用全身式安全带的作业人员参与吊物作业。作业前，先检查二次保护安全绳与安全带的栓系必须牢靠，作业时则必须先将二次安全保护绳系挂在机舱安全挂环上，再打开机舱吊物口盖板和机舱吊物口门开始吊车的功能测试或吊物。同时机舱内置吊车测试或吊物作业必须遵守以下规定：

1）雷雨天气严禁使用提升机作业；

2）风速大于 10m/s 时严禁使用机舱内置吊车作业；

3）当雨雾、沙尘暴等恶劣天气导致能见度过低时，严禁使用机舱内置吊车作业；

4）一旦发生机舱内置吊车链条打结等不宜吊物的情况时，应立即进行恢复，且仅允许恢复正常后方可使用；

5）参与机舱内置吊车测试或吊物作业的人员必须穿工作服，系好袖扣、衣扣、领扣。正确佩戴安全帽。如有女工或长发作业人员，必须先佩戴棉质工作帽，将头发盘置于工作帽中，再佩戴安全帽。正确配穿风电专用全身式安全带，并在后背连接好二次保护安全绳，进行作业时，必须将二次保护安全绳系挂到机舱内布设且远近合适的挂点上。所有参与人员必须佩戴耐磨工作手套和防冲击耐磨耐油工作鞋；

6）将机舱内置吊车围栏固定好，严禁不使用提升围栏进行提升作业，严防人员坠落。吊物提升至机舱内后，先将吊物孔盖板盖好再将所吊物资脱钩，严防物资坠落伤人；

7）所吊物品将要到达机舱或抵达地面时，通过对讲机等通信工具提醒对方注意吊物并进行脱钩操作；

8）提升物品尺寸不能大于吊物口尺寸，物品重量不能超过机舱内置吊车最大负荷；

9）同时应遵守吊物“十不吊”原则（具体要求见第3章吊车运行的安全要求部分）；

10）使用机舱内置吊车完毕，及时关闭电源，及时关闭机舱吊物孔门，防止人员、物品坠落。

（8）添加润滑油要使用专用漏斗，防止润滑油外漏。作业时须戴耐油耐酸碱防护手套、佩戴护目镜、配穿耐油耐酸碱防滑工作鞋，最好佩戴防护口罩。

（9）偏航位置传感器测试过程中，注意防止设备元器件从机舱平台缝隙掉落坠地。拆卸设备过程中应注意防止螺丝刀戳伤等机械伤害。

（10）加润滑脂时使用专用加脂工具，防止润滑脂外漏，污染环境，造成平台底板较滑，摔伤工作人员。一旦被油污染，必须立即清洁，保持地面干净。作业人员作业时，必须佩戴耐油防护手套、戴护目镜佩、戴防毒口罩、配穿耐油防滑工作鞋。

（11）进行风速仪、风向标测试时，需要打开机舱天窗，出机舱外操作，存在高空坠落风险。作业人员出舱作业前必须认真检查个人安全防护装具的穿用和配备。出舱人员必须正确配穿风电专用全身式安全带，且在出舱前已经将系挂到后背的二次保护安全绳栓系连接在全身式安全带的后背二次保护D型环中，并已正确锁止。一旦出舱，立即将二次保护安全绳的另一端连接器正确系挂在机舱外壳安全挂点（围栏）上，以防止发生高坠事故。如要在机舱外移动，建议加挂二次保护用的专用限位绳，以确保安全作业。为便于测试，不主张佩戴太阳防护镜。

在使用扳手拆卸顶丝时，必须注意防止螺丝、扳手等脱落、坠向地面导致地面伤人事故的发生。出舱操作时，注意使用对讲机等通信工具通知塔底人员远离风机，严禁有人员逗留在风机下。塔底人员可以进入塔筒内，避免高空坠物伤人。

机舱外作业是一件十分危险的作业任务，每一位作业人员都必须时刻绷紧“安全”这根弦。

（12）进行叶轮转速开关测试时，由于轮毂内空间狭小，齿形盘端角较锐利，作业人员必须避免磕碰、划伤；由于机舱控制柜在机舱内发电机底座上，因此，轮毂内外人员需要使用对讲机等通信工具进行配合，共同完成作业任务。

（13）轮毂内空间狭小，不易散热，夏季温度较高，在其中工作容易中暑，因此调试作业中应带足够的饮用水，并在急救箱中配备人丹等防中暑药物。

（14）维护手柄测试包含叶轮刹车测试、偏航测试、变桨测试等内容。进行叶轮刹车测试时，叶轮转速不能太高。偏航测试时，偏航齿盘范围内不得有人员或物件。进行变桨测试时，变桨驱动盘范围内不得有人员或物件。

（15）偏航余压测试安装余压表时，必须佩戴耐油耐酸碱防护手套，配穿耐油防滑工作鞋，严禁作业人员身体任何部位直接接触流出的液压油。

（16）发电机绝缘测量时应遵守以下规定：测绝缘通常使用兆欧表，使用兆欧表必须严格遵守兆欧表使用说明书和安全使用规定，一是保证测量数据的正确性，二是保证测量人员的人身安全。细述请见前述。

在进行发电机绝缘测量时，还应注意：

1）测量前须锁止叶轮，防止发电机转动。严禁在雷电时或高压设备附近测绝缘电阻，只能在设备不带电，也没有感应电的情况下测量；

2）在测量含有 IGBT 或其他电力功率器件回路的绝缘时，必须将其脱离后进行测量；

3）在使用兆欧表过程中，禁止对被测器件进行操作；

4）兆欧表线严禁绞在一起，必须分开；

5）兆欧表未停止转动之前或被测设备未放电之前，严禁用手触及。拆线时，也不得触及引线的金属部分；

6）测量结束时，对大电容设备必须进行彻底放电；

7）按照兆欧表使用规定，必须定期对兆欧表进行校验，以保证其准确度。

4.3.5 并网调试

在面板机就地监控“调试及参数设置”选项，设置功率给定值。分别进行机组 0 功率、100kW 功率、600kW 功率、1000kW 功率、1500kW 功率并网测试。

4.3.6 并网调试危险源分析与辨识及安全防范

机组在如下条件下方可进行并网测试：

（1）按照调试步骤完成以上所有测试，并且测试结果达到要求；

（2）确保所有人员、物品都已置于塔底平台安全位置，机舱内无人员滞留，关键转动部位经检查确认无任何物品遗落；

（3）就地监控软件通信正常，软件中“调试及参数设置”下的“参数设置”可以正常设置，在“参数设置”中按照操作手册中的操作菜单名称设置对应的数值后，启动风机进行测试。

若测试时，机组出现异常噪音、振动、烟味、灼烧味、放电、漏水现象，应立即按下紧急停机按钮，对机组进行认真检查，消除一切隐患，并确认机组正常后方可继续进行并网测试。

4.4 水冷变流系统调试

4.4.1 水冷部分

（1）水冷系统上电。

将低压配电柜水冷系统空开上电后，依次闭合水冷柜内断路器、刀熔开关、空气开关，测量各开关出线侧电压是否正常。

（2）水冷系统加水。

检查确定水冷管道连接正确，采用开口扳手检查各管道接头连接状况，经确认各管道接头连接紧固后，使用加水装置（单相水泵）为水冷系统添加冷却液。

具体加液步骤为：先往加水装置储水桶内加满冷却液，将加水装置出水软管接头与冷却系统入水口管道接口连接紧固；连接加水装置电源，合上加水装置启动开关开始加水。

加水过程中需密切观察水冷压力表的读数，一旦达到压力标准时，同时关闭水冷系统入水口阀门和断开加水装置启动开关。

加水时利用散热器顶部的手动阀进行手动排气，以确保散热器中注满水。

（3）水冷回路检查（静态）。

检查水冷柜、变流柜、散热片法兰连接处是否存在渗水、漏水现象。若有渗漏水须立即进行处理。

（4）水冷系统主循环泵测试。

从人机交互面板的就地监控系统进入“就地调试与维护”模式。点击“循环泵启动”按钮，待泵的驱动电机旋转后，观察旋转方向是否与外壳标示的方向一致。若不一致则即刻进行调整。测试完毕后，点击“循环泵关闭”按钮。

（5）水冷电加热器测试。

依次点击“循环泵启动”“加热器启动”按钮。且持续 3～

5min，变流器进出水温度读数会有所提高。测试完毕后，依次点击“加热器关闭”“循环泵关闭”按钮。

（6）水冷散热风扇测试。

依次点击“1号散热风扇启动”“2号散热风扇启动”“3号散热风扇启动”按钮，待风扇的驱动电机依次旋转后，观察旋转方向是否与电机外壳标示的方向一致。若不一致则即刻进行调整。测试完毕后，依次点击“1号散热风扇关闭”“2号散热风扇关闭”“3号散热风扇关闭”按钮。

（7）水冷回路检查（动态）。

水冷系统正常运行以后，检查水路管道各法兰连接处，是否存在渗水现象，检查前必须要先使用干净的卫生纸或抹布清理法兰连接处的水渍。若有渗漏，则立即处理。

4.4.2 水冷部分调试危险源分析与辨识及安全防范

（1）开关、熔断器、刀闸上电时同样要先确认开关所在回路绝缘良好、无短路，操作人员须佩戴绝缘手套，脚下垫绝缘垫板，建议根据DL/T 320要求配穿一级电弧防护服，配用对应的其他电弧防护装具，以防止因开关漏电或电弧烧伤而引发人身伤害事故。

（2）检查水冷系统管道时，由于空间狭小，存在划伤磕碰危险，必须正确佩戴安全帽、佩戴耐磨防护手套（除进行电气操作时必须佩戴绝缘手套外）。进入基础环负一层平台时，是从底段塔筒的安全平台上下到基础环平台，通常塔筒的攀爬梯未安装到底，与基础环有一定的距离（距离很小，一般在0.3m左右），而爬梯的防坠装置未装至基础环平台，基础平台到底段塔筒平台之间的间距一般不超过2m，由于上述的结构状况，在两个平台间上下存在跌落的安全隐患，因此，为防止跌落事故的发生，作业人员必须配穿风电专用全身式安全带，使用二次保护安全绳。在上下时，利用二次保护安全绳来确保人员不发生事故。二次保护安全绳必须在作业人员从底段塔筒平台下到基础平台时就将安全绳系挂在塔筒的塔架上，做到高挂低用。在基础环平台作业时，因此时的作业面已经是最低的，不可能发生坠落，故这时允许临时摘除二次保护安全绳进行作业，但当结束作业准备开始由基础环平台攀爬至底段塔筒平台时，必须重新系挂二次保护安全绳，直至达到底段塔筒平台方可摘除二次保护安全绳，以做到作业全程安全防护。

基础环平台空间相对狭小，设备及基础底部平台支架横向支撑较多，容易磕碰头部，因此须正确佩戴安全帽，特别是下颚带必须扣好，并适当收紧，防止帽子滑落或帽体歪斜，起不到应有的保护作用；而大部分铁屑或螺栓等安装小物件都易落至基础环内，作业时必须十分留心，避免踩踏落在基础环内的落物，最好在作业前对平台加以清理。基础底部平台的现场作业人员必须配穿防滑防刺耐磨安全鞋。

（3）水冷加水操作中，作业人员必须佩戴耐酸碱防护手套、佩戴全罩式护目镜，防止接触有毒化学物品（水冷液）及有毒化学物品进入眼睛。加水冷液过程中，进行手动排气时，会有部分液体从排气孔喷出，因此，作业时还必须佩戴防毒口罩（或防毒面具），以加强防护。

（4）水冷加水用水泵重 30kg 左右，需人工搬运，搬运时 2 人配合搬运，且须搬运姿势正确，防止因错误姿势而引发腰部损伤。搬运过程中必须 2 人协调配合，防止物件对人体的磕碰或击打伤害。

（5）水冷散热风扇测试过程中，若风扇不转，严禁将手伸入防护罩拨动风扇叶片，防止风扇突然运转伤害手部。

（6）水冷回路动态检查的安全要求及防护同静态检查。

4.4.3 变流部分

（1）变流系统上电。

闭合变流系统总开关。

（2）电压检查。

测量变流柜各端子排端子的电压是否正常。

（3）变流程序下载。

使用装有变流下载软件的笔记本给变流控制器加载变流程序。

（4）拖动功能测试。

进行变流器拖动功能测试。

（5）预充电、空开闭合测试。

进行强制预充电及主空开、发电机侧空开闭合测试。

4.4.4 变流部分调试危险源分析与辨识及安全防范

（1）由于变流功率整流模块 IGBT 发热大，对环境要求较高。环境湿度过大或长期放置受潮时，变流系统上电过程中功率整流模块存在失效风险。因此应先除湿。可以采用加热除湿、使用除湿机除湿和施放干燥剂除湿。

上电时应锁闭柜门，防止功率整流模块 IGBT 击穿爆燃。操作人员须正确佩戴安全帽，特别是下颚带必须扣好，防止帽子滑落或帽体歪斜；配穿防滑防刺耐磨绝缘安全鞋，脚下垫绝缘垫板。

（2）测量端子电压时注意防止触笔误触其他端子造成短路事故。操作时作业人员须戴绝缘手套，脚下垫绝缘垫板。

（3）在机组没有故障、叶轮锁定已经松开、水冷系统正常运行、发电机绝缘正常情况下，才可做变流器拖动功能测试。

（4）进行强制预充电及主空开、发电机侧空开闭合测试时要严格按照操作步骤进行。预充电过程中，变流柜内如有异响等异常现象应立即停止操作，断电检查，直至异常消除并经确认，方可再恢复预充电。若发电机侧空开闭合失败，应断开电源再检查，防止触电。操作时作业人员须戴绝缘手套，脚下垫绝缘垫板。

4.5 变桨系统调试

4.5.1 调试内容

进行锁定叶轮操作后，通过人孔进入轮毂进行变桨系统测试。

（1）减速器油位检查。

变桨减速器应无漏油现象，且从油窗能够看到油位。

（2）变桨系统上电。

使用万用表测量机舱柜内变桨动力电缆三相间、单相对地均无短路现象。确定 3 个变桨柜的变桨模式选择开关处在手动模式，变桨柜主开关处于 Off 状态。闭合机舱柜变桨动力电源开关及变桨柜后备电源充电器电源开关，紧闭变桨柜门，然后依次 1 号、2 号、3 号闭合控制柜主电源开关。

（3）电压检查。

测量变桨柜内各回路、电源模块的电压是否正常。

（4）变桨通信部分调试。

进行通信测试，监视各个子站工作、通信状态。通过就地面板观察各个子站状态是否正常。

（5）变桨风扇和加热器测试。

进入就地监控软件的就地调试与控制模式，分别点击“变桨柜 1 风扇”、“变桨柜 1 加热”观察变桨柜内风扇和加热器是否动作。同时通过风机就地监控面板“叶轮/变桨系统信号”中确认“变桨柜 1 风扇”“变桨柜 1 加热器”工作信号显示。如风扇和加热器动作正常，点击“变桨柜 1 风扇 Off”“变桨柜 1 加热 Off”退出测试。变桨柜 2 和变桨柜 3 测试同上。

（6）手动变桨测试。

在 1 号变桨柜上，点动变桨旋钮至“F”“B”方向，测试变桨的速度和方向是否正确。“F”为向 0° 方向变桨，“B”为向 90° 方向变桨，从就地监控软件上监测叶片 1 的变桨速是否正常。叶片 2、3 手动变桨测试同上。

（7）变桨角度清零。

在强制手动变桨模式下，将叶片 1 变桨至机械零点处，进行清零操作。从就地监控软件上监测叶片 1 的角度为 0°，表示叶片 1 角度清零成功。叶片 2、3 变桨角度清零同上。

（8）5° 接近开关测试。

调整叶片 1 变桨盘的挡块，使得 5° 接近开关在 5°（误差范围为±0.3°）正好触发，从就地监控“叶轮/变桨系统信号”栏“变桨 1 接近开关”信号触发。使用扳手旋松挡块固定螺栓，调整挡块位置，使 5° 接近开关与挡块的垂直距离为 2～3mm。调整完必须固定好接近开关和挡块。叶片 2、3 的 5° 接近开关测试同上。

（9）87° 接近开关测试。

调整叶片 1 变桨盘的挡块，使得 87° 接近开关在 87°（误差范围为±0.3°）正好触发，87° 接近开关与挡块的垂直距离调整为 2～3mm（接近开关在档块斜面上就会触发，此处调整距离为接近开关与挡块平面垂直距离）。调整完必须固定好接近开关和挡块。叶片 2、3 的 87° 接近开关测试同上。

（10）92° 限位开关测试。

调整叶片 1 变桨盘的挡块，使得 92° 限位开关在 92° 附近触发（由于 87° 接近开关和 92° 限位开关使用同一个挡块，且两者之间的距离已经固定，所以 92° 限位开关，只需要调整限位开关滚轮与挡块的高度，使其触发时正好在挡块斜面上，并且限位开关高度要调整合适，避免限位开关冲向挡块平面时，撞到本体）。触发后通过风机就地监控面板“叶轮/变桨系统信号”中确认“变桨 1 限位开关”信号处于触发状态。叶片 2、3 的 92° 限位开关测试同上。

（11）变桨控制器散热风扇测试。

在手动变桨过程中观察变桨控制器散热风扇是否正常启动，正常情况应该启动。叶片 2、3 的变桨控制器散热风扇测试同上。

（12）自动变桨测试。

将叶片 1 旋转至 70° 后停止，由强制手动变桨模式转为自动变桨模式。从就地监控软件上监测叶片 1 的自动变桨速度是否正常，叶片 1 停止后，从就地监控软件上监测叶片 1 的角度为 87°±1.5° 为正常。如果发现变桨动作不能停止，或变桨方向不正确，必须立即分断变桨柜总电源开关。

（13）齿形带张紧度测试。

使用张紧度测试仪，测试齿形带张紧度，若不合格，则调整调节螺栓，使张紧度增大或减小，再测试，直至合格为止。

4.5.2 变桨系统调试危险源分析与辨识及安全防范

（1）锁叶轮时，应 2 人配合，一人操作维护手柄进行刹车，使叶轮刹车盘减速，一人通过观察孔，观察叶轮位置，叶轮上的锁孔即将通过锁销时，操作刹车按钮刹住叶轮刹车盘，将锁销与锁孔对齐，同时快速转动锁销轮盘，将锁销旋入锁孔，锁定叶轮，并将另外一个锁定销也旋入，锁死。确认叶轮锁定后，方可打开人孔，进入导流罩内工作。并遵守以下规定：

1）导流罩内工作时至少有 2 个人，2 个人中任何一个人的操作，都要获得对方的确认，确认后方可操作。

2）进入导流罩前所有工具必须清点记录，都要放入密封的工具包内，严防把工具掉落或遗落在导流罩内。

3）变桨柜门必须锁好，导流罩内的操作仅允许一种操作（偏航时禁止变桨）。

（2）变桨系统上电过程中存在触电及火灾风险。

变桨系统上电过程中调试人员始终把住控制柜主电源开关，一旦发生变桨电机误动作，立即分断该开关；上电过程中若发现控制柜有放电、冒烟异常现象，必须立即断开该开关。

变桨柜上电过程中，作业人员配穿绝缘手套，变桨柜下方铺设绝缘垫板供作业人员踩踏，若发生短路、漏电、冒烟、起火等情况，空开一般会自动跳闸，若空开未跳闸，立即手动断开电源开关，然后再进行后续处理。轮毂内由于机组运行时为旋转状态，故一般未配备灭火器，若发生火灾，立即使用机舱内灭火器进行紧急灭火。

（3）进行电压检查时，必须特别认真仔细，严防因误操作造成端子之间短接引发电气事故。

（4）近海现场或调试当天空气湿度较大现场，应该先启动变桨柜风扇和加热器，运行一段时间，使柜体除湿后方可进行后续操作。

（5）进行手动变桨测试时，必须确保叶片内无人员，以防止因叶片转动时导而导致发生人身伤害事故。在进行变桨测试时，还必须确保变桨盘范围内无人员、工具、物品等，以防止变桨盘转动时挤伤人员、损坏物品，引发人身伤害事故和设备损伤事故。导流罩内有人员作业时，必须充分沟通，确保其所处位置安全后方可进行变桨操作（一般不建议当导流罩内有人员作业时进行变桨操作）。

（6）进行接近开关、限位开关测试使用扳手工具时，由于空间狭小，作业时尤其要防止工具脱落。在朝上的两支叶片上工作时必须正确穿用风电专用全身式安全带、拴挂好二次保护安全绳、必要时可以使用限位绳帮助提高安全可靠性、正确佩戴安全帽，防止不慎滑落；同时作业时不得发生工具掉落，轮毂下严禁有人，防止发生物件跌落引发击打伤害事故。

（7）进行齿形带张紧度测试时，由于所处位置为导流罩前段，注意调整螺栓时不要用力过猛、防止滑倒。作业时必须配穿防滑耐磨防刺工作鞋。

4.6 整机调试完毕整理

机组调试完毕后，首先将机组置于停机状态，将低压配电柜维护钥匙旋转至“维护”状态，对机组卫生进行清理，要求达到干净整洁，不遗留任何物品在风机内，关闭所有变桨柜、机舱柜、发电机开关柜、低压配电柜、水冷柜、变流柜。整理完毕，将低压配电柜维护钥匙旋转至“运行”状态，待待机指示灯点亮后，启动风机，使风机处于试运行状态。

5 风电场基建阶段的应急工作

根据《中华人民共和国突发事件应对法》和以之为依据制定并由国务院发布的《突发事件应急预案管理办法》以及国家电监会（现国家能源局）颁布的《电力企业应急预案管理办法》，各电力企业是电力应急预案管理工作的责任主体，应建立健全电力应急预案管理制度，完善电力应急预案体系，规范开展应急预案的编制、审批、备案、发布、演练、评估、修订、培训、宣教及建立组织保障等工作，保障电力应急预案的有效实施。

电力企业编制各级各类应急预案，应按照"横向到边，纵向到底"的原则，建立覆盖全面、上下衔接的电力应急预案体系。电力应急预案体系一般由综合应急预案、专项应急预案和现场处置方案构成。

作为电力企业的一员，风电企业应当根据本单位的组织结构、管理模式、生产规模和风险种类等特点，组织编制企业综合应急预案，作为应对各类突发事件的综合性文件，从总体上阐述处理事故的应急方针、政策，应急组织结构及相关应急职责，应急行动、措施和保障等的基本要求和程序。

在基建阶段（含土建、安装、调试等，下同），风电场的主要工作（包括升压站、风机、输出线路及其他相关工作）都以甲乙方合同方式外包。外包通常有总包和分包 2 种方式，且以总包方式居多。通常，基建合同的甲方为风电场业主单位，乙方为风电场基建总包单位，其中又以风电设计单位作为总包单位居多，风电场建设以交钥匙（EPC）形式出现，即设计—采购—施工（交钥匙）（EPC——Engineering Procurement and Construction 或 Engineer，Procure and Construct）。总包单位负责遴选具体参与的各分包单位。除作为总包单位的风电场设计单位以外，通常有作为分包单位的设备生产单位、基建安装调试单位及监理公司等共同参与风电场的基建工作。

因此，风电场基建阶段现场单位较多，人员结构较为复杂，各基建单位的作业、项目、内容、进度各异，现场常有交叉。不论总包或是分包，依照国家关于应急管理的相关规定，不论以何种方式参与风电场基建阶段的项目施工作业，只要参与就必须编写与作业内容相对应的应急预案。总承包商与分包商的区别仅仅在于一个是以总包形式出现，另一个是以分包具体项目内容出现。

针对国家关于应急预案管理的诸多要求，出于为现场服务的初衷，本章较多地关注和阐述专项应急预案和现场处置方案。

根据基建阶段参与单位多、人员结构复杂、施工作业常常交叉进行、施工机具多样化等具体现场情况，风电企业和参与风电场基建阶段工作的各个单位都应当在各自单位综合应急预案的基础上，结合具体承揽的工作或项目，自上而下逐级建立安全生产应急管理体制，有针对性地结合可能发生的自然灾害类、事故灾难类、公共卫生事件类和社会安全事件类等各类突发事件，以及不同类别的事故或风险，组织编制相应的专项应急预案，明确具体的应急处置程序、应急救援和保障措施，不断完善应急预案体系，定期组织开展演练，配备相关的应急救援物资，防止危机事件的发生，保证危机事件发生后救援、抢险和生产恢复工作的有序进行。风电企业及风电场基建参与单位应通过相互交流与沟通，为应对现场可能出现的各类突发事件提供有力的预案实施保障，以圆满完成基建阶段的各项工作任务。

从现场管理的角度出发，虽然工程项目是承包给乙方进行，但作为业主的风电企业仍然必须承担相应的监督和管理等责任，对于外包单位的应急预案应与业主自身的应急预案一样对待，同样必须给予充分的重视，特别要关注乙方的专项应急预案和现场处置方案以及预案的落实，加强与承包单位的相互沟通与交流，避免因疏忽而导致应急事件的发生。

具体承揽风电场设计、设备生产、基建作业任务（包括外包工程、监理等）的单位也必须在建立健全单位的应急预案、组织架构、设备物资储备、演练培训、评估等应急工作机制的基础上，积极与甲方（业主）进行有效的沟通，尽可能做到与甲方的应急预案基本思路相一致，共同做好风电场基建阶段的应急预案管理工作，有效地避免和处置各类突发事件。

风电场基建阶段的应急预案管理工作主要围绕风塔及风机现场、风机土建、安装、调试的各个阶段与内容进行编制。升压站的应急预案可以结合或参考常规火电厂或110kV（或220kV，或330kV，以升压送出电压等级为标准）变电站的应急预案，结合风电场升压站的特点与风电场所在地域的局部小环境加以必要的调整、删除或补充来进行编制与执行。集电线路和产权归风电场的高压输出线路的应急工作可以参照供电企业线路应急工作来进行。因此，关于这两方面就不作重点叙述。另外，需要强调的是，由于风电场普遍远离城镇，大多交通欠方便，来水资源相对较差，因此在风电场升压站的应急预案中，除参考上述预案的常规部分外，应突出消防用水和消防应急，建议将其单列，作为一个重点来进行详细描述。

5.1 风电场基建阶段应急工作的总原则

安全应急处理及救援系统是依据现代安全管理理念建立的将安全管理关口前移、变事后查处为事前预防的一种更科学、更合理、更快速有效处理和应对各类事件或事故的安全管理系统中的一个子系统。应急系统实际上是在所有安全管理规定缺失或失效的情况下的一个及时补救系统，其主要作用在于，一旦发生事件或事故，立即启动应急响应，将事件或事故损失或影响降到最低，以保证生产活动正常进行。因此，应急系统在整个安全生产体系中起着十分重要的作用。

风电场必须结合基建现场各阶段的实际和特点，针对可能发生的突发事件，为迅速、有序地开展应急响应及救援行动而预先编制各类对应的行动方案，并使之成为一个完整的应急系统。开展应急响应行动和紧急救援预案的编制、修订、演练等工作，不仅要全面了解本单位突发事件的风险状况，以及应急组织体系运转、应急资源分布、应急能力承担程度等情况，还要结合具体参与风电场基建工作的各企业的分工，针对不同类型突发事件处置的需要，根据具体的组织体系架构和资源，加以整合，采取有效的应对措施。因此，应急行动和紧急救援预案是处置突发事件的有效依据，加强应急行动和紧急救援预案管理是应急工作的一项核心工作。

在目前的风电场建设中，由于参与风电场基建工作各单位之间的关系错综复杂，因此各单位的应急预案往往编制得较为粗线条，不能真正起到实效。相关单位各级管理层必须对此予以足够重视，必须从根本上改变以往基建阶段应急工作（尤其对于基建单位）不深入细致、应急预案编制与完善不足和实效性较差的现状。有人认为，风机安装一般一两天就结束作业，应急预案可有可无。这是在风电场基建单位中普遍存在的一种看法，而这正是万万要不得的错误思维和做法，应该引起风电场建设各有关单位的高度重视。尤其是风电场业主，也必须对此有充分认识。

风电场基建阶段的现场应急管理工作应坚持以下原则。

（1）预防为主的原则。坚持“安全第一，预防为主，综合治理”的安全生产工作基本方针，突出事故预防和控制，有效防止重特大安全生产事故的发生，积极组织开展有针对性的事故演习，不断提高对突发事故的处理和应急抢险的能力。

（2）以人为本，把保障员工生命安全作为应急工作的首要任务。任何时候都必须特别强调和重视员工的人身安全，突出“生命至上”，及时、正确、快速地处理重大生产安全事故，最大限度地降低对员工生命安全的危害，减少事故损失，维护社会稳定，保证生产经营秩序正常。尤其是在风电场基建阶段多单位协同作业生产，现场作业条件与环境复杂，机具、设备、装置多样的情况下，保障员工的生命安全是最重要的。

（3）分类管理，分级负责。结合风电特点和风电场基建阶段的特殊性，针对事故的特点及其影响的范围和程度，实行分类管理、分级响应、逐级负责的应急反应与处置方法，使采取的措施与突发事故造成的危害范围和社会影响相适应。

5.2 风电场基建阶段的应急预案须围绕“人—机—环—管”的本质安全理念进行编制和实施

（1）任何生产活动中，“人”既是最重要的、同时也是最活跃的因素。在风电场基建阶段应急预案的诸多因素中，“人”始终处于核心位置，预案的所有归结点都应该落实在保护“人”上，其他则均在其次。突发事件或事故、危机事件都普遍存在着偶然性，但偶然中也存在必然，这是符合安全工程学基本理论的，同时也与安全金字塔相吻合。所谓偶然，就是指其最终发生的事件或事故具有不定因素，当外界的各项条件具备，则在一定的主观条件下就会发生事件或事故。外界引发事件或事故的各项条件可能有许多，也可能仅需一两项，因此，在编制应急预案时要充分摸清各类事件或事故的各类危险源与危险点，通过认真的辨识，深入地分析因之可能导致的危害情况，从中分辨出人员因素的种种可能性，以此为基础，在应急预案和实际处置中最大限度地保证人身安全。

（2）风电场基建阶段应急预案的设备条件较为复杂，有风机设备，还有大量的施工机械、施工装具与机具，以及安装设备、调试设备等。设备条件较为复杂，导致突发事故的隐患较多，在编制与实施预案时必须有充分的认识和考虑。一般而言，风电场基建阶段大致分为基础土建、设备安装、设备调试等过程，每个过程涉及的设备、装置、器具完全不同。比如，基础开挖时，涉及挖土机、钢筋存放、钢筋成型与捆扎、混凝土材浇注夯实与养护、焊接与电（气）割、钢模板存放与使用、脚手架存放与使用、大型吊车（履带或轮式）、重载卡车、基建用厚钢板、吊车等；安装过程主要涉及塔筒、基础环、叶片、轮毂、机舱、箱变、一次二次控制柜等等待安装的风机设备，以及为安装设备配套的大型吊装吊车、辅助车辆、吊装吊具、配套工具等；设备就位后，调试设备较少（升压站用调试设备较多，但和常规火电厂基本相同，此文不再赘述），主要是一些调试设备、仪器仪表、电动工具（或液压工具）等。总之，作业内容与项目不同，设备、装置、机具、器具也就各不相同，预防的事件或事故也就不同，相应地，应急预案的编制与实施也必然完全不同。

（3）由于风电场一般建在较为偏僻的山区、滩涂或海上，交通大多不便，自然环境较为恶劣，再者，基建阶段是一个从无到有的创新过程，是改变原有条件，创造生产、生活环境的过程，因此这个阶段的大量“人—机”对话环境也很恶劣。因对环境认识不足或不深入，分析与辨识不充分，而对由环境引发的突发事件或事故处理欠佳，发生严重事故的概率就会很高。基于这样的判断，在应急预案的编制与实施过程中，必须认真分析，结合人的因素、设备条件和可能存在的主客观环境，综合评估环境条件，编制切实可行的应急预案，并保证其在遇到突发事件时得到有效实施。

（4）正因为风电场基建阶段有诸多错综复杂的情况，在应急预案及其管理上就必须综合上述各项具体领域和内容，分门别类地进行预案的有效管理，使编制的各类预案能在一旦出现危机或应急事故（或事件）时积极响应，发挥预案的应急处置作用，迅速处理好各类应急事故（或事件），平息危机，保障风电场建设的顺利进行。

5.3 风电场基建阶段应急预案体系和紧急救援处理系统的建立

由于风电场基建阶段（包括建造施工与安装调试工作的全过程）普遍存在较大的风险，因此必须建立健全对应的风险管理体系，编制相应的安全应急行动和紧急救援处理预案。尤其近年来，国家、地方和电力行业都对预案管理提出了更高的要求，国务院在2007年颁布的《突发事件应对法》中专门对应急预案提出了更为具体的要求。实践证明，经过不断的努力，应急预案从无到有，并在突发事件应对过程中正发挥着极其重要的作用。同时，这也从另一个角度促使风电行业的所有参与者必须建立健全风险应急预案和紧急救援处理系统。

5.3.1 风电行业现场应急预案体系

风电行业现场应急预案体系通常由综合应急预案、专项应急预案和现场处置方案等几部分构成。在风电场建设初期的基建阶段，各参与单位也应该按照相关要求建立对应的预案体系。

（1）综合应急预案。

综合应急预案从总体上阐述处理事故的应急方针、政策，应急组织结构及相关应急职责，应急行动、措施和保障等基本要求和程序，是应对各类事故的综合性文件。综合应急预案是总体、全面的预案，主要阐述风电场业主和承包单位的应急救援的方针、政策，应急组织机构及相应的职责，应急行动的总体思路、预案体系及响应程序，事故预防及应急保障，应急培训及预案演练等，是应急救援工作的基础和总纲。风电场基建阶段各参与单位的综合应急预案可以根据各自的具体情况来编制，可以有不同之处，但是，在风电项目作业方面，作为发包的甲方和作为承接的乙方都必须做好接口工作，必要时，乙方还应依据甲方的要求对预案进行必要的调整。

（2）专项应急预案。

专项应急预案是针对具体的事故类别、危险源和应急保障而制定的计划或方案，是综合应急预案的组成部分，应按照综合应急预案的程序和要求组织制定，并作为综合应急预案的附件。专项应急预案应制定明确的救援程序和具体的应急救援措施。风电场基建阶段的作业纷繁复杂，细分项目很多，加之基建阶段各专业队伍总体水平参差不齐，这就使得风电场基建阶段各参与单位的工作进度、工作内容与工作特点各不相同，也就要求各参与单位必须特别重视专项应急预案的编制、预演、评估、修订、发布和执行等工作。

风电场的专项应急预案包括以下几大类。

1）自然灾害类。针对可能面临的气象灾害，雨雪冰冻、强对流天气（含大风、暴雨、雷电等）、高温、低温、洪水、大雾、地震灾害、地质灾害（山体崩塌、滑坡、泥石流、地面塌陷）等自然灾害编制的专项应急预案。

2）事故灾难类。针对可能发生的人身伤亡事故、设备事故、火灾事故、重大交通事故等各类土建、设备安装、设备调试等生产事故编制的专项应急预案。

3）公共卫生事件类。风电场基建阶段基本上为集体生活制，人员集中，容易产生疾病的传染蔓延、食物中毒等公共卫生事件，为此，应根据风电项目所在地特点及参与单位的具体情况，有针对性地就可能发生的传染病疫情、群体性不明原因疾病、食物中毒等突发公共卫生事件编制专项应急预案。

4）社会安全事件类。风电项目的区域性特点决定了产生这类事件的可能性，应结合当地情况，经过与当地政府沟通后，针对可能发生的群体性事件、社会治安事件、防盗等社会安全事件编制专项应急预案。此类预案在风电场基建阶段尤为重要。

（3）现场处置方案。

现场处置方案是针对具体的装置、场所或设施、岗位所制定的应急处置措施。现场处置方案强调具体、简单、针对性，要做到精细化。现场处置方案应根据风险评估及危险性控制措施逐一编制。参与作业的相关人员对可能引发事故所涉及的作业内容及其现场处置方案应做到应知应会、熟练掌握，并通过应急演练，做到迅速反应、正确处置。在专项应急预案的基础上，结合现场实际来制定和实施现场处置方案。针对特定的具体场所（如土建现场、塔筒吊装现场等）、设备设施（如基础坑混凝土材浇注夯实设备、600t 或 500t 吊机吊具等）、岗位（如基础环就位作业人员、焊接等特种作业人员等），在详细分析现场风险和危险源的基础上，找出并找准危险源，提出对应的处置方法和要求，以此制定各类现场处置方案。

5.3.2 编制完备的应急行动和紧急救援处理预案

应急行动和紧急救援处理预案必须依据风电场基建阶段的工作特点和各个风电场的具体情况来编制，绝不能随意套用其他的应急行动和紧急救援处理预案。只有充分了解和分析了自身的情况和特点，结合国家和上级单位要求，经过反复研究和调整，方能建立较为完整的应急行动和紧急救援处理预案体系框架。并且，必须将应急行动和紧急救援处理预案区分类别，统一归类，使整个预案体系框架完整而健全，并具有一定的前瞻性。

5.3.3　各类应急预案的格式必须规范

风电场基建阶段各参与单位在编制应急行动和紧急救援处理预案时，必须按照上级管理部门和风电场业主关于应急预案的规章制度（风电场业主单位也应编制对应的预案），做到预案格式统一规范，形式要素和关键要素内容必须统一，预案编号、封面、目录、框架等做到标准化和规范化。

根据国家能源局颁布的《电力企业综合应急预案编制导则（试行）》的规定，综合应急预案的主要内容应包括以下内容。

（1）总则。

1）编制目的。明确综合应急预案编制的目的和作用。

2）编制依据。明确综合应急预案编制的主要依据，主要包括国家相关法律法规，国务院有关部委制定的管理规定和指导意见，行业管理标准和规章，地方政府有关部门或上级单位制定的规定、标准、规程和应急预案等。

3）适用范围。明确综合应急预案的适用对象和适用条件。

4）工作原则。明确本单位应急处置工作的指导原则和总体思路，内容应简明扼要、明确具体。

5）预案体系。明确本单位的应急预案体系构成情况。一般应由综合应急预案、专项应急预案和现场处置方案构成。应在附件中列出本单位应急预案体系框架图和各级各类应急预案名称目录。

（2）风险分析。

1）单位概况。明确本单位与应急处置工作相关的基本情况，一般应包括单位地址、从业人数、隶属关系、生产规模、主设备型号等。

2）危险源与风险分析。针对本单位的实际情况对存在或潜在的危险源或风险进行辨识和评价，包括对地理位置、气象及地质条件、设备状况、生产特点以及可能突发的事件种类、后果等内容进行分析、评估和归类，确定危险目标。

3)突发事件分级。明确本单位对突发事件的分级原则和标准，分级标准应符合国家有关规定和标准要求。

（3）组织机构及职责。

1）应急组织体系。明确本单位的应急组织体系构成，包括应急指挥机构和应急日常管理机构等，应以结构图的形式表示。

2）应急组织机构的职责。明确本单位应急指挥机构、应急日常管理机构以及相关部门的应急工作职责。应急指挥机构可以根据应急工作需要设置相应的应急工作小组，并明确各小组的工作任务和职责。

（4）预防与预警。

1）危险源监控。明确本单位对危险源监控的方式方法。

2）预警行动。明确本单位发布预警信息的条件、对象、程序和相应的预防措施。

3）信息报告与处置。明确本单位发生突发事件后信息报告与处置工作的基本要求。包括本单位24小时应急值守电话、单位内部应急信息报告和处置程序以及向政府有关部门、电力监管机构和相关单位进行突发事件信息报告的方式、内容、时限、职能部门等。

（5）应急响应。

1）应急响应分级。根据突发事件分级标准，结合本单位控制事态和应急处置能力确定响应分级原则和标准。

2）响应程序。针对不同级别的响应，分别明确启动条件、应急指挥、应急处置和现场救援、应急资源调配、扩大应急等应急响应程序的总体要求。

3）应急结束。明确应急结束的条件和相关事项。应急结束的条件一般应满足以下要求：突发事件得以控制，导致次生、衍生事故的隐患得到消除，环境符合有关标准，并经应急指挥部批准。

应急结束后的相关事项应包括需要向有关单位和部门上报的突发事件情况报告以及应急工作总结报告等。

（6）信息发布。

明确应急处置期间相关信息的发布原则、发布时限、发布部门和发布程序等。

（7）后期处置。

明确应急结束后，突发事件后果影响消除、生产秩序恢复、污染物处理、善后理赔、应急能力评估、对应急预案的评价和改进等方面的后期处置工作要求。

（8）应急保障。

明确本单位应急队伍、应急经费、应急物资装备、通信与信息等方面的应急资源和保障措施。

（9）培训和演练。

1）培训。明确对本单位人员开展应急培训的计划、方式和周期要求。如果预案涉及社区和居民，应做好宣传教育和告知等工作。

2）演练。明确本单位应急演练的频度、范围和主要内容。

除了国家层面的规定外，各参与具体单位的相关要求也应在预案中得到充分的体现。

5.3.4 预案的内容必须上下级基本一致，强调细化，体现深度和广度

在编制应急行动和紧急救援处理预案时，本单位和上级单位的预案须内容基本一致，基建阶段各单位预案的内容应充分结合实际，特别是应与业主单位通过沟通与协调，进一步分解细化。风险分析要做到深入、透彻，具有一定的广度和深度，各级各岗职责、权利、义务分列清晰，严禁泛泛而谈与粗线条。

编制的预案内容必须充实，“有骨有肉”，应急措施、应急流程、应急资源等关键要素描述详尽。预案应详细分析和描述预测

预警、信息报送、响应行动、外部联动等具体措施，便于预案涉及人员依据预案实施，提高处置效率。

要高度重视应急预案的编制和修订完善工作，全面落实上级要求，结合本单位实际来确立预案体系框架，建立“横向到边、纵向到底、上下对应、内外衔接”的预案体系。在预案编制过程中，要专门成立组织机构，抽调专业人员，明确编制分工，结合实际开展编制工作。

5.3.5 预案必须强调实际应用，并得到不断完善

编制完成的应急行动和紧急救援处理预案并不是编制完成就万事大吉，这一点特别重要。因为一般情况下，风电场基建工作是以项目及项目管理的形式出现的，而一个项目的持续时间比较有限，往往就有人会认为在预案上不必花费太多的时间、精力和金钱，从而给预案编制工作带来一定的负面影响。预案编制必须彻底改变传统的管理思维和模式，摒弃会议方式协调应急行动，有效提高应急响应的时间和速度。任何一个预案在编制完成后，都需要经历宣传、演练、修订、再演练等多次循环往复，不断得以完善，且得到所有参与人员的共同认知和熟悉。只有这样，方能做到一旦启动应急预案，即刻反应，使预案真正为实际应用服务。这种不断完善的做法在大多数参与基建单位的执行具有一定的难度，主要原因还是因为这一阶段的工作特点所决定的。但不论困难有多大，仍然必须严格按照国家、业主及基建单位的相关规定与要求执行，以保证预案的有效性。

必须把应急演练作为检验预案的重要措施，落实应急预案演练工作要求。要结合企业实际，制定年度应急演练计划，并加强计划的刚性执行力度，组织开展应急演练，检验预案的实效性和适应性。每次演练结束后，要认真总结评估，并及时修改和完善预案内容，保证应急预案的实效性和适应性。作为业主单位的风

电场，应该坚持原则，以适当的方式介入或了解乙方各单位的演练与总结情况，为切实保证基建阶段的安全生产和一旦发生应急情况做到及时应对与救援打好基础。

总之，预案管理是连续、动态的，需要根据新情况、新变化及时调整和改进，进而保证预案的实用性和可操作性，发挥预案的重要作用。风电场基建阶段的特点也决定了预案管理在人员、物资，组织架构、资源配置、管理方式方法等方面都是不断变化的。

5.3.6 应突出预案的常态化管理

在预案编制完成后，参与风电场基建阶段工作的各单位还必须建立预案的常态化管理机制。即通过对预案的评审、发布和备案，以及通过演练来检验、修订预案，形成全过程、动态管理的常态机制，做到预案管理分工明确，各级各岗管理职责明晰等。

各参与风电场基建单位还需制订应急预案管理办法等相关制度，明确预案的编制、评审、发布、备案、培训、演练和修订等全过程的工作要求。强调落实各项预案的管理分工，按照全过程管理要求，明确各环节的具体工作内容和标准，形成闭环管理。另外，要依法合规地做好预案的报备工作，规避法律风险。

风电场基建阶段的参与单位很多，主体单位为甲乙双方，但在“交钥匙”形式下，还存在很多分包单位。虽然这些单位在总的要求和做法上都能做到预案的常态化管理，但就具体到某一风电项目，要做到预案的常态化管理就有了一定的难度。主要是某一项目的持续时间较短，要求各参与单位就某一项目的预案进行常态化管理也不现实。但是，甲方应该要求所有具体参与单位必须对应急预案进行常态化管理，而就某一特定项目，允许参与单位结合项目特点和具体承担的任务等对已有预案在与业主充分沟通和协调的基础上作为具体项目的应急预案实施。

如果非“交钥匙”总包形式，业主以多包形式实施风电场项目，将面对更多的承包单位，其基建阶段的安全生产和应急预案工作会更加复杂。就专业化作业、专业化施工、专业化管理的现代管理理念出发，应尽可能地提倡“交钥匙”总包形式。出于多种原因而实施多包形式的风电场项目，在安全生产、应急预案建设等多方面，甲乙双方必须花大力气做到完备、完善，才能达到较为满意的目标。

5.4 风电场基建阶段的风险分析

风电场基建阶段是高风险凸显的过程，必须高度重视从土建、安装到调试各个具体项目作业过程中安全生产的重要性，结合参与单位的组织架构、人员素质等具体情况，坚持基建阶段“人—机—环—管”的本质安全诸要素衡量，坚持科学的安全管理理念和组织管理，突出强调“人—机—环”的有机协调，严格规章制度，充分运用现代科技，消除事故隐患，有效防止各类事故的发生。

事故的可控、在控，安全关口的前移，关键在于事前对所有作业的安全状况进行全面、科学的分析和辨识，做到作业的任何一个步骤、任何一个点面都有对应的风险分析及对应的防范措施，这样才足以确保安全生产。

基建生产的全过程中都有可能发生带有一定危险或不良后果的突发事件或事故，且普遍存在于可能发生危险或不良后果或事故的地点、部位、设备、环境、工器具及人员的不规范行为动作等方面。

风险分析及预控就是对基建生产过程中有可能发生事故危险的工作地点、部位、设备、环境、工器具及人员的不规范行为的提前预测和预控，并及时采取必要的措施，防止可能的事故，达到基建作业全过程安全生产的目的。

通过对作业风险和危险源的深入分析与辨识，依据科学的管控方法，进行逐件、逐点的分类、分级，实行有效管控，避免事件或事故的发生，尽最大可能避免应急预案的启动，尽最大可能降低事件或事故造成的损失和影响。

风电场基建阶段危险源与风险的分析、预控的重点依然秉承从本质安全的角度出发进行分析、辨识的原则。风电场基建阶段的风险分析及预控的重点起码应该涵盖以下方面。

5.4.1 涉及“人”的风险分析

从基建阶段“人—机—环—管”的本质安全诸要素衡量，“人”的安全因素必须是第一位的。风电场基建阶段，现场人员是防止和避免事故的主体，必须严格管控各作业现场人员（包括作业人员、检查工作的领导或参观学习人员及其他相关人员等），要求所有人员必须严格遵守GB 26860—2011《电力安全工作规程 发电厂和变电站电气部分》、GB 26859—2011《电力安全工作规程 电力线路部分》、GB 26164.1—2010《电力安全工作规程》（热力和机械部分）和DL 796—2001《风力发电厂安全规程》）等标准及各项安全生产规章制度，具备相应的作业资质，配备佩戴必需的安全工器具和个人防护器具，即PPE（personal protective equipment），坚持特种作业持证上岗的基本原则，而且必须强调不得跨持证范围违规参与作业。

就“人”在本质安全管理体系中的地位，结合人因工程学所阐述和解析的人的思想意识、素质条件、习惯与行为等诸多人因条件，在基建阶段涉及人的自身素质与人因的风险主要表现在以下方面。

（1）作业人员的精神状态。人的精神状态是指人的内在精神和观念，其直接表现为人的行为举止，受人的意识、思维、情感、注意力、信念、知识及其他主观心理活动所支配。制度必须规定，当作业人员处于思想情绪异常波动期间、精神状态萎靡疲惫时则不得参加作业。作业负责人必须掌握每一位作业人员的精神状态，并据此协调作业人员的作业任务。

（2）作业人员的自身身体状况。这是指人的整个生理组织的健康程度及作业期间的实际身体状态。凡有可能影响作业的带病人员或身体不适者不得参加作业。有妨碍高处作业病症或精神异常者，严禁高空作业。

（3）作业人员之间的人员搭配与协作协调。现代大机器生产必然是团队协作作业，这里既有分工，也有协作。风电场基建阶段主要包括土建施工、设备安装、设备调试与启动几个部分，这里的团队协作既指具体项目或作业内的作业人员之间的协作，也指各项目、作业之间的协作，而各个作业是以一个系统工程的形式展现的，且作业通常有交叉，作业人员相对密集；因此，现场作业人员必须有全局意识，在现场指挥、监理人员或作业工作负责人的领导下，围绕安全作业的需要，依据事先编制的作业指导书（作业方案），协调作业，相互配合。遇有重大作业或现场实际需要时允许设置第二监护人。

（4）作业人员对作业系统与设备的熟悉和掌握程度以及作业人员的技能技巧，作业人员的知识水平及运用程度都直接关系到风电场基建阶段安全生产的水平。具体而言，作业人员应熟悉掌握所要作业及涉及设备的原理与结构、机具的正确使用方法、应对现场复杂环境等情况的基本技能技巧。作业人员须具备必备的技术技能，坚持持证上岗。风电场基建阶段主要的事故风险在于机械事故的防范，因此，应该在这方面着重强调。比如，由于加工机械的操作要求具有一定的技术技能，不当操作极易酿成人员或机械事故，因此，加工机械必须由技术熟练的操作人员按操作规程正确使用，应避免由于非熟练人员进行作业而引发事故。又如，在风机设备运输过程中，运输司机必须持证上岗，运输途中不得超速，并在运输指挥人员的指挥下进行运输作业。在进入风电场现场时，应针对现场山区、沼泽、滩涂等地形特点，事先编制行车路线和情况应对措施及紧急情况的应急预案，并必须由富于驾驶经验的司乘人员作业。另外，在进行风机基础开挖与浇筑过程中的基坑防护、浇注模板装拆作业时，现场必须由专人监护，严禁一切无关人员进入作业现场，严禁作业人员在上下同一垂直面上同时交叉作业，严防发生坠落事故或物体打击事故。诸如此类的危险应予以特别重视，严加防范。

（5）参与风电场基建现场作业的所有人员必须十分了解和掌握现场情况，包括作业危险点、危险源和对应的技术防护措施和组织防护措施，了解和掌握所担任作业内容或项目的危险点、危险源和对应的技术防护措施和组织防护措施，了解和掌握其对应的应急预案内容和执行要领。

（6）对于基建阶段的各类作业，作为业主单位，风电场必须指定专职安全监督监察人员在现场实施监督。必要时，可以行使安全监督的权力，干预各种违规作业。

5.4.2 涉及“机”的风险分析

风电场基建阶段，现场涉及大量建造器材与工具、电动工具、起重设备、安全工器具、交通工具（汽车、电瓶车等）、风机设备等器具、器材、设备、设施，必须充分认识及辨识这些器具、器材、设备、设施可能存在的风险与危险。对设备、设施及工器具的正确使用与操作是安全作业的前提，任何违章或违规的操作与使用（或使用方法）、违反操作流程等均可能造成人员伤害或设备异常。

（1）基建阶段主要的涉电伤害包括：触电（含电弧）、雷击、电气装置故障及事故等。

（2）基建阶段主要的机械伤害包括：物件打击、车辆伤害、机械伤害、起重伤害等。

（3）其他伤害包括：高处坠落、坍塌、化学性爆炸、物理性爆炸、中毒与窒息、灼烫等。

对于基建阶段可能发生的各类机械伤害事件或事故都应进行深入的安全风险分析和辨识，必须编制严密的防范措施，编制有针对性的各类专项应急预案和现场处置方案，防止事件或事故的发生，或者一旦发生，可按照事先编制的预案，及时处置，降低伤害，减少损失，缩小影响。比如：基建现场使用的模板不论装或拆，均须分类码放，码放时不得存有悬空模板，以防止模板因悬空堆放而突然滑落，从而引发人员伤害事故；混凝土浆浇注施工时，必须做到文明施工、现场洁净，所有浇注残留混凝土浆必须在浇筑结束后立即清扫干净；现场施工用钢筋须在指定专用场地分类码放，码放现场悬挂标识牌及安全警示牌；现场施工因照明不足需要使用局部补充照明时，必须使用低压行灯，行灯电缆必须无破损、无漏皮，如有接头的，电缆连接段应绝缘良好，行灯电源必须配有漏电保护装置，以提高照度并保证作业现场人员的安全；所有周转性材料必须分门别类地存放于指定地点并码放整齐，悬挂标示牌及安全警示牌；等等。

5.4.3 涉及"环"的风险分析

风电场基建阶段是一个从无到有的建设过程。风电场的现场总体环境条件较为复杂，必须深入研究和分析环境的特点与风险，并施以对应的管控。

环境风险因风电场而异，总体而言，必须依据各风电场的具体情况，包括所处地理位置、经纬度、季节、作业内容、作业条件等，分别进行分析和辨识。

（1）在自然环境方面，风电场一般都建在空旷地带，高温、低温（冰冻）、异常大雾、异常大雪、地震、大风（台风）、洪汛、强对流天气、地质灾害、雨雪冰冻灾害、易燃、易爆、有毒、缺氧等这些恶劣环境都是风险，都可能构成危险。除此之外，由于基建阶段基本上属于“大兵团”作战，作业区域交叉甚多，受邻近或相关班组作业的影响以及照明不足等都可能给作业人员带来危险与风险。同时，还应结合每个风电场的具体情况加以分析与评估，与常见的这些自然环境和作业环境的特点一并作为基建阶段危险与预控的重点。

（2）基建作业环境不仅仅存在显性的危险与预控环境，还包括大量的“人—机对话”环境。所谓“人—机对话”是指作业人员在现场作业时，由于作业对象庞大、作业空间狭小、作业对象自身缺陷等，都有可能存在风险，构成危险。比如基坑边坡塌方，基础环安装，风塔吊装与对接，风机机舱吊装，轮毂吊装，风机各设备调试，箱变安装（依据不同风机型号而异），高空、立体交叉作业，容器内、邻近高压管道、邻近带电设备作业等，“人—机对话”环境相对都是较大的，必须严控其存在的风险。

在作业场所方面，作业场地、现场交通条件、基坑开挖、浇注与养护、高空、容器内、邻近高压管道、邻近带电设备等都存在明显的安全风险因素，稍有不慎或违反安全规程规定，就有可能引发事故。

5.4.4 涉及“管”的风险分析

风电场建设的繁杂性决定了安全管理的复杂性。由于风电场基建阶段实际参与单位众多，人员结构多样，各类各项作业的各方面存在种种风险与危险，因此必须特别强调从严建章立制，通过严格的管理制度和切实可行的管理方法，来规范人的行为，维持“机、件”的标准化状况，保持优良的作业环境，从而避免事件或事故的发生，将所有可能的损失降到最小。

结合风电场基建阶段存在的诸多风险与危险因素和条件，在有效进行安全防范的基础上，还必须根据人员、设备装置和环境的实际情况，在作业前提出完善的作业方案，编制有针对性的各种各类应急方案，做到有备无患，确保安全。

5.5 风电场基建阶段专项应急预案及现场处置方案

依照国务院《突发事件应急预案管理办法》的规定，每一份预案都必须包含风险分析、组织机构及职责、预防与预警、应急响应、信息发布、后期处置、应急保障、培训与演练等部分。应急预案体系通常由综合应急预案、专项应急预案和现场处置方案构成。作为生产一线的风电场，其在建立应急预案体系时应重点关注专项应急预案及现场处置方案的重要性和实用性。另外，限于编写目的和编著篇章的考虑，本书主要阐述专项应急预案和应急情况发生后的现场处置方案，以尽可能地为一线生产服务。

风电场基建施工主要包括土建施工、设备安装、设备调试等几个阶段。由于每个阶段的作业项目与内容完全不同，对应的专项应急预案及现场处置方案也迥然不同，差异性很大。

5.5.1 土建施工的专项应急预案及现场处置方案

以往的事故统计分析表明，高处坠落、触电事故、物体打击、机械伤害、坍塌事故等是土建施工中最常发生的事故，约占事故总数的85 %以上，因此，这5类事故被称为“五大伤害”。此外，中毒和火灾也是土建施工期间的多发事故。所以，在日常生产活动中，要加强对以上多发性事故隐患的整治工作，采取有效措施，防止事故的发生，并有针对性地对多发事故事先编制专项应急预案及现场处置方案。

风电场土建施工现场存在的不安全因素主要如下：

（1）由于土建施工针对的是具体的风电场风塔，因此很难实施标准化施工；

（2）风电场场地有限，在有限的范围内，集中了大量的工人、建筑材料、设备和施工机具等。作业时，各种机械设备、施工人员随施工进度而不断变化，作业对象和条件随即变换，不安全因素随时可能出现；

（3）风电场土建阶段的施工大多是露天高空作业，每一基风塔的施工时间较短，但由于风电场通常由若干基风塔组成一个风电场，因此施工周期较长。作业人员露天作业，相对工作条件较差，危险与风险因素较多；

（4）由于风塔的分散性，致使基建作业点多面广，现场作业人员流动性较大（包括由于风电作业普遍比较辛苦，缺乏吃苦耐劳精神的人员会自然流动等人力资源变化），给现场各参与单位的作业安全管理增加了难度；

（5）由于风电场的地理位置、地质情况、自然条件等的迥异，每基风塔的建造结构、工艺等都可能不同，相对规则性较差，致使不安全因素也不同且较多，每项施工内容都可能会有完全不同的不安全因素；

（6）风塔土建施工主要是以手工操作为主，机械化程度较低，事故率较高。

事故统计分析表明，风电场基建伤亡事故的事故率在全国的事故占比中仅次于矿山业；在电力行业伤亡事故中，风电场的事故占比也位于前列。因此，在做好事故防范、避免事故发生的同时，必须认真编制风电场土建阶段的各种专项应急预案及现场处置方案，以便能将损失降至最低。风电场土建施工阶段主要事故类型及现场处置方案见表 5–1。

表 5–1　　风电场土建施工阶段主要事故类型及现场处置方案

序号	事故类型	事故防范要求	涉及工器具	现场处置方案
1	基坑坍塌。 事故描述：风机基坑发生坍塌分为2种：一种是基坑护坡坍塌，大量土石	（1）护坡支撑模板系统必须经过计算，保证支撑牢固，搭建后都必须进行质量认可检查。	（1）进入施工现场，必须正确佩戴合格可用的安全帽和护目镜，配穿合格工装、耐磨手套、防冲击工作鞋。	（1）尽快解除土石方挤压，解除挤压过程中，严禁生拉硬拽，避免次生事故。

续表

序号	事故类型	事故防范要求	涉及工器具	现场处置方案
1	方进入基坑，构成对施工人员的掩埋；另一种是风塔基础脚手架坍塌，脚手架和钢模板伤害施工人员	（2）基坑开挖必须制定有针对性的施工方案和安全技术措施。按照土质情况设置安全边坡或固壁支撑。基坑深度超过 5m 须有专项支护设计。对基坑、井坑的边坡和固壁支架须随时检查，发现边坡裂痕、疏松或支撑断裂、走动等危险征兆，须立即采取措施，消除隐患。 （3）不得采用挖空底脚的方法挖土。 （4）挖出的土须按照规定放置，不得随意沿围墙或临时建筑堆放。积土、料具、机械设备堆（停）放距离不得小于设计规定的距离坑、槽的最小距离。 （5）坑槽开挖设置的边坡必须符合安全要求。 （6）深基坑必须设置专项支护设施，并设置上下通道。 （7）作业人员上下坑槽不得踩踏边坡。 （8）严格控制建材、模板、施工机械、机具或其他料具堆放的数量、重量，不得过于集中，荷载不得过大。 （9）基坑施工必须设置有效排水措施等。雨天要防止地表水冲刷土壁边坡，避免土方坍塌。	（2）作业人员（对业主、设计及监理等人员作同样要求）正确佩戴、配穿合格可用的 PPE，包括全身式安全带、二次保护安全绳等，3m 以上作业必须配用缓冲器。	（2）现场处置各类伤害，如实施心肺复苏等。

续表

序号	事故类型	事故防范要求	涉及工器具	现场处置方案
1		（10）塔架基础开挖后，应按照工程进度对基础搭建脚手架，脚手架的搭建必须事先编制施工方案和技术措施，且在搭建前须向搭建作业人员进行详细的工程状况和搭建技术措施、组织措施、安全规范等交底。搭建规范、牢固，必须有斜向加固支撑，每次加高搭建后都必须进行质量认可检查。 （11）脚手架搭建后必须在脚手架上设置踢脚板和防护围栏，并铺设安全网（铺设立网和平网），脚手架外侧必须铺设封闭式密目安全网，以防止高空坠物伤人。 （12）脚手架平行走道板宜采用木质板并紧固牢靠、铺满。如采用金属板，则除紧固牢靠外，还需在板面铺设防滑垫，以保证行走安全。 （13）严禁在基坑或脚手架走道上打闹嬉戏，严禁酒后登高作业。 （14）所有参与人员必须规范作业，防止随身器具坠落或损伤脚手架。 （15）密目网外侧悬挂醒目的安全提示标识牌	（3）配备必要的紧急救护药物与卫生用品。 （4）配备保持通畅的通信器材	（3）立即报告上级及业主单位，同时联系救护车，就近送医疗机构抢救。 （4）如若发生掩埋，须立即清除头部掩埋土物，迅速清除口、鼻污物，保持呼吸通畅。 （5）必要时，报告当地政府相关部门

续表

序号	事故类型	事故防范要求	涉及工器具	现场处置方案
2	设备坍塌（包括吊车吊臂坍塌和塔筒坍塌）。 事故描述：吊车吊臂坍塌或塔筒（任何一节）坍塌	（1）土建工地不得有任何非基建施工人员。 （2）土建施工区域外边缘3m处设置警示带，每隔一定距离悬挂警示标识，并设专人监护。 （3）机械基坑施工及吊车作业半径范围2m内不得有任何人员。 （4）机械基坑施工及吊车作业设专人指挥，允许设置助理一类人员协助指挥人员工作，但不得参与直接指挥	（1）进入施工现场，必须正确佩戴合格可用的安全帽和护目镜，配穿合格工装、耐磨手套、防冲击工作鞋。 （2）作业人员（对业主、设计及监理等人员作同样要求）正确佩戴配穿合格可用的PPE，包括全身式安全带、二次保护安全绳等，3m以上作业必须配用缓冲器。 （3）现场指挥人员及监护人员的PPE与作业人员相同，但安全带及二次保护器具可不佩戴。 （4）配备必要的紧急救护药物与卫生用品。 （5）配备保持通畅的通信器材	（1）尽快解除挤压，解除挤压过程中，严禁生拉硬拽，避免次生事故。 （2）现场处置各类伤害，如平置受伤害者，检查伤情、实施紧急临时性包扎等。 （3）立即报告上级及业主单位，同时联系救护车，就近送医疗机构抢救。 （4）如若事故严重，发生人员伤亡，须妥善放置，等待处理。 （5）事故设备在人员处理后进行，须防止次生事故的发生。 （6）必要时，报告当地政府相关部门
3	塔架基础钢筋铺设与捆扎事故	（1）非塔架基础钢筋铺设与捆扎人员不得进入作业现场。 （2）塔架基础钢筋铺设与捆扎现场须清洁、器具整洁。 （3）塔架基础钢筋铺设吊装过程中，所有人员必须远离钢筋吊运半径。 （4）塔架基础钢筋铺设吊运设专人指挥吊运，非专职人员不得介入吊运。	（1）进入施工现场，必须正确佩戴合格可用的安全帽和护目镜，配穿合格工装、耐磨手套、防冲击工作鞋。 （2）作业人员（对业主、设计及监理等人员作同样要求）正确佩戴配穿合格可用的PPE，包括全身式安全带、二次保护安全绳等，3m以上作业必须配用缓冲器。	（1）尽快解除挤压，解除挤压过程中，严禁生拉硬拽，避免次生事故。 （2）钢筋捆扎伤害主要为捆扎件或捆扎工具刺伤伤害，一般为轻伤，但仍属于事件或事故。发生事件或事故，须立即对受伤害者给予救治，及时进行止血、伤口消毒、施药、包扎处理，必要的应给予破伤风针注射，防止事件或事故扩大。

续表

序号	事故类型	事故防范要求	涉及工器具	现场处置方案
3	事故描述：钢筋挤压、钢筋捆扎伤害	（5）吊运钢筋到位后的整理须协同作业，并由专人指挥，防止钢筋就位过程中挤压伤人。 （6）钢筋捆扎须协调作业，使用合格的专用工具	（3）现场必须配备专职监护人员，且监护人员的 PPE 与作业人员相同。 （4）配备必要的紧急救护药物与卫生用品。 （5）配备保持通畅的通信器材	（3）严重的（包括伤害严重或群体性伤害）应在进行临时性伤口处理的情况下，立即报告上级及业主单位，同时联系救护车，就近送医疗机构救治。 （4）在处理事件或事故过程中，须防止次生事故的发生。 （5）必要时，报告当地政府相关部门
4	混凝土材浇注与夯实养护事故。 事故描述：混凝土材浇注与夯实是土建施工中经常性的作业项目，由于混凝土材浇注和夯实是手工作业，设备笨重，拖带电缆，易发生设备伤人或电缆漏电伤人事故	（1）夯实机连接的电源必须采用综合 TN-S 系统接地和漏电保护系统，组成防触电保护系统，形成防触电二道防线。 （2）漏电保护装置必须有独立连接的空开，开关接线盒必须带有防雨棚。 （3）夯实机每次使用前必须进行严格检查，拖行的电缆不得有接头，电缆任何地方不得有破皮或电缆内芯裸露。 （4）拖移夯实机须十分小心，防止夯实管挤压伤人	（1）进入施工现场，作业人员（对业主、设计及监理等人员作同样要求）必须正确佩戴合格可用的安全帽和防冲击护目镜，配穿合格工装、佩戴绝缘耐磨手套、防冲击绝缘长筒工作鞋。 （2）配备必要的紧急救护药物与卫生用品。 （3）配备保持通畅的通信器材	（1）迅速切断电源。如果因电缆漏电，须使用绝缘杆或绝缘材料迅速切断电源，不得随意贸然动作，防止发生二次伤害事故。 （2）迅速将伤者脱离夯实设备，立刻将伤者移送至空气流通好的地方，检查伤者伤情，如触电无心跳无呼吸，须进行人工呼吸和心肺复苏救治，坚持至专业救护人员到达。如触电击伤，进行现场救治，实施临时性包扎。 （3）切除电源后，须将夯实机搬离现场，并进行认真检查，经复查且办理相关手续后，方可再次投入使用。 （4）夯实现场必须给予保护，经专业人员认真检查后方可再次开工

续表

序号	事故类型	事故防范要求	涉及工器具	现场处置方案
5	基坑上下行斜坡道或爬梯事故。 事故描述：通常基坑深度7～8m左右，下挖时，设备需沿上下行坡道到达作业面，作业人员也是利用上下行坡道到达作业面作业，由于上下行坡道狭窄，稍有不慎，挖掘设备会发生侧翻事故，人员可能因不慎跌入基坑底部而受到伤害	（1）临时性上下行斜坡道应基础牢实。 （2）司乘人员上下行斜坡道时必须十分谨慎，慢速行驶。 （3）挖掘设备在进入施工现场前必须进行认真的事前检查，并经必要的认可流程后，方可进入现场施工。 （4）徒手人员进入基坑施工必须严格按照施工安全技术措施和组织措施进行，严禁违规或擅自作业	（1）挖掘机司乘人员必须正确佩戴合格可用的安全帽、护目镜，配穿合格工装、佩戴手套、工作鞋。 （2）徒手人员（对业主、设计及监理等人员作同样要求）进入基坑现场，必须正确佩戴合格可用的安全帽和防冲击护目镜，配穿合格工装、佩戴耐磨手套、防冲击工作鞋。 （3）配备必要的紧急救护药物与卫生用品。 （4）配备保持通畅的通信器材	（1）基坑开挖后，挖掘设备上下行不慎侧翻，须立即营救司乘人员，使之脱离挖掘设备。 （2）立即检查司乘人员伤情，轻伤应立即对其进行伤情处理；重症须在进行临时性处置的同时，立即联系救护车就近送医院进行救治。 （3）徒手人员跌落基坑底部受到伤害的，施救措施同（2）
6	高空坠落事故。	（1）作业人员必须具备登高资质，有较强的安全防护意识和团队合作意识。 （2）高处作业的边沿必须设置有效可靠的防护设施，防止高处坠落或坠物打击。 （3）施工现场使用的龙门架（井字架）必须事先编制安装和拆除施工方案，且严格按照安装和拆除顺序执行，同时配齐有效的限位装置。投运前，须对超高限位、制动装置、断绳保险等安全设施进行检查验收，确认合格有效方可投入使用。 （4）作业人员高处作业装备、装具齐全并正确使用。	（1）进入施工现场人员（对业主、设计及监理等人员作同样要求），必须正确佩戴合格可用的安全帽和防冲击护目镜，配穿合格工装、耐磨手套、防冲击工作鞋。 （2）作业人员正确佩戴配穿合格可用的PPE，包括全身式安全带、二次保护安全绳等，3m以上作业必须配用缓冲器。 （3）现场必须配备专职监护人员，且监护人员的PPE与作业人员相同。	（1）迅速将事故伤害者脱离事故现场，搬移至空气流通好的地方。搬移时应注意小心，避免发生二次伤害。

续表

序号	事故类型	事故防范要求	涉及工器具	现场处置方案
6	事故描述：由于基坑深度通常在7～8m，作业人员在作业时处于高处作业状态（2m以上即为高处作业），有诸多可能会发生高坠事故	（5）同一处同一作业内容高处作业人员不得少于2人，必要时，应设置专人监护。 （6）每一基基坑脚手架上作业必须配备至少一套高处作业救援设备。 （7）所有参与高处作业的人员必须事先经过高处救援培训并考试合格	（4）配备防高坠专用营救器具。 （5）配备保持通畅的通信器材	（2）立即检查伤者伤情，在进行临时性抢救的同时呼救救护车，争取尽快送就近医疗机构抢救
7	钢筋加工区机械伤害事故。 事故描述：钢筋加工伤害主要是钢筋加工过程中作业人员受到的机械性伤害	（1）钢筋加工具有一定的危险性，非作业人员不得进入作业现场。 （2）钢筋破切器具完好。 （3）正确使用钢筋破切设备。 （4）配备足够的钢筋搬运设备。除钢筋运入钢筋加工区时需使用吊车外，一般不建议使用吊车一类的搬运设备搬运钢筋	（1）入钢筋加工区作业现场，作业人员（对业主、设计及监理等人员作同样要求）必须正确佩戴合格可用的安全帽和防冲击护目镜，配穿合格工装、耐磨手套、防冲击工作鞋。 （2）搬运钢筋时严禁弯腰搬运，应尽可能使用机械搬运，如果人工搬运，则必须多人搬运，并有专人指挥和监护，防止不正确搬运造成人员腰、腿等部位受到伤害。 （3）配备必要的紧急救护药物与卫生用品	（1）如发生钢筋挤压，则尽快解除挤压。解除挤压过程中，严禁生拉硬拽，避免次生事故。 （2）钢筋伤害一般为轻伤，但仍属于事件或事故。发生事件或事故，须立即对受伤害者给予救治，及时进行止血、伤口消毒、施药、包扎处理，必要的应给予破伤风针注射，防止事件或事故扩大。 （3）严重的（包括伤害严重或群体性伤害）应在进行临时性伤口处理的情况下，立即报告上级及业主单位，同时联系救护车，就近送医疗机构救治。 （4）事件或事故在处理过程中，须防止次生事故的发生。 （5）必要时，报告当地政府相关部门

续表

序号	事故类型	事故防范要求	涉及工器具	现场处置方案
8	气焊（割）与电焊(割)事故。 事故描述：风电场基建工作普遍使用气焊（割）与电焊（割）作业，这类作业容易引	（1）乙炔气瓶和氧气瓶之间必须保持规定的安全距离；焊、割作业点与氧气瓶、电石桶、乙炔发生器等危险品的距离不得小于10m，与易燃、易爆物品的距离不得小于30m。 （2）电焊机连接的电源必须装有漏电保护装置，必须有独立连接空开，开关接线盒必须带有防雨棚。电焊机的电源线必须牢固连接在电焊机和电焊钳上，严禁采用缠绕的方式连接。 （3）电焊机必须可靠接地，不得采用搭接、缠绕等错误方法连接。 （4）电焊作业通常在专设电焊棚进行。雨天严禁露天进行电焊作业。 （5）进行电焊(割)、气焊（割）作业必须取得动火许可，作业区域周边不得有易燃物品。 （6）电焊机必须处于通风良好位置。	（1）进行气焊（割）与电焊（割）作业，气焊（割）与电焊（割）人员和配合作业的人员（对业主、设计及监理等人员作同样要求）必须正确佩戴合格可用的焊接头盔和对应的护目镜，配穿阻燃合格工装、焊接专用手套、焊接防冲击绝缘工作鞋。气焊（割）与电焊（割）人员必要时应配穿肩部防护用焊接专用披肩和鞋盖。	（1）发生气焊（割）与电焊（割）的灼伤事故时应迅速将被灼伤者带离现场，并迅速对伤者进行伤情检查和处置。一般伤害应进行消毒及伤口灼伤处理，如较为严重则应立即就近送医疗机构治疗。 （2）气焊（割）与电焊（割）的机械伤害主要是击打或撞击伤害。发生这类伤害时，应将伤者带离或移至安全地带，迅速对伤者进行检查及伤情处理，并就近送至医疗机构作相应检查和治疗。 （3）气焊（割）与电焊（割）时如引发火灾，则应立即戴着绝缘手套使用绝缘器具切断电源。当火场开关距离开关较远的情况下需切断电源时，火线和零线必须分开且错位剪断，以免在剪切用器具的钳口处造成短路，同时须防止电源线掉在地上造成短路，致使人员触电。 （4）当电源线因其他原因无法及时切断时，必须在派人去供电端拉闸的同时即刻使用现场配备的消防器材和灭火器具进行灭火，灭火人员必须穿戴绝

续表

序号	事故类型	事故防范要求	涉及工器具	现场处置方案
8	起触电事故、火灾事故、机械伤害和灼伤事故等	（7）现场必须用围隔板加以围隔，不留豁口，围隔板外悬挂警示标识牌。 （8）非焊接作业人员不得进入焊接现场	（2）焊接现场必须配备足量非水剂灭火器材。 （3）配备必要的紧急救护药物与卫生用品	缘器具，人体各部位与带电体保持足够的安全距离，同时报119火警进行专业灭火，防止事故的扩大。 （5）在扑灭电焊（割）引发的火灾时必须使用绝缘性能良好的干粉灭火机、二氧化碳灭火器、1211灭火器、干燥的砂子，严禁使用水剂或导电灭火剂。 （6）气焊（割）作业中，当氧气软管着火时，不得通过弯曲软管来阻断气源，必须迅速关闭氧气阀门来停止供气。乙炔软管着火时，必须先关熄炬火，可用弯曲前面一段软管的方法将火熄灭
9	土建物料伤人事故。 事故描述：土建施工用的材料较多，品种繁杂，且大多零散。物料伤人大多是由于不规范装卸、随便堆积而造成的对作业人员的伤害	（1）风电场基建施工时必须在作业范围3m以外加以警示带封围，不留豁口，并设置专人负责安全管理，未经允许不得有任何非作业人员进入。同时在警示带上每隔一定距离悬挂安全警示标识牌。 （2）在风机基础施工现场，应按照设计及现场情况划定分区和车辆出入通道等，且物料必须分区存放。 （3）物料必须有序存放。分类物料应有明显的指示说明及保管责任人	（1）进入物料堆放现场，作业人员（对业主、设计及监理等人员作同样要求）必须正确佩戴合格可用的安全帽和防冲击护目镜，配穿合格工装、耐磨手套、防冲击工作鞋。 （2）搬运物料严禁弯腰搬运，应尽可能使用机械搬运，如果人工搬运，则必须多人搬运，并有专人指挥和监护，防止不正确搬运造成人员腰、腿等部位受到伤害。 （3）配备必要的紧急救护药物与卫生用品	物料伤人大多为挤压伤害。应迅速将伤者从物料掩埋中移出。移出过程中，应注意自身保护，防止新的事故的发生。立即对伤者进行伤情检查，并作相应的临时性伤情处理，进行止血、消毒、敷药、包扎等。如伤情严重，须立即报告上级及业主单位，同时联系救护车，就近送医疗机构救治

续表

序号	事故类型	事故防范要求	涉及工器具	现场处置方案
10	机械设备伤害事故。 事故描述：机械设备伤害事故是指由以下因素导致的伤人事故：现场使用的机械设备未按设备使用说明书进行安装调试，或未按设备规定的技术性能使用；机械设备缺少安全装置或安全装置失效；对运行中的机械设备未按要求进行定期的维护、保养、调整，未按操作规程操作；机械设备完好性和安全可靠性不够，“带病”运行	（1）对使用机械设备的作业人员（对业主、设计及监理等人员作同样要求）必须进行机械设备状况的交底，必要时给予安全警示。 （2）现场使用的机械设备必须在安装前依照设备使用说明书和技术条件与参数进行安全可靠性检查，尤其须检查诸如超荷保护、限位保护、安全报警等关键部件的状况，仅允许合格的机械设备投入运行。 （3）依照机械设备提供的允许运行的技术条件正确运行，包括气候条件，严禁违规强行运行机械设备。 （4）对于已经投运的机械设备，一经发现存在可能影响安全的问题，必须立即停止使用。 （5）机械设备作业人员必须持证上岗，坚守岗位，按操作规程操作，严守劳动纪律；严禁对运行或运转中的机械设备进行任何维护、保养或调整作业。 （6）严格执行机械设备定期维护、保养或调整的规定，及时消缺，保证机械设备的完好性和安全可靠性。 （7）发现机械设备存在漏保、失修、超载或带病运转等情况，应立即报告有关部门，并停止使用	（1）使用机械设备作业的人员（对业主、设计及监理等人员作同样要求）必须正确佩戴合格可用的安全帽和防冲击护目镜，配穿合格工装、耐磨手套、防冲击工作鞋。 （2）配备必要的紧急救护药物与卫生用品	（1）对受伤害人员立即进行伤情检查，并做相应的临时性伤情处理，止血、消毒、敷药、包扎等。如伤情严重，须立即报告上级及业主单位，同时联系救护车，就近送医疗机构救治。 （2）已经投运的机械设备一经发现机械设备存在可能影响安全的问题，必须立即停止使用。 （3）立即检查机械设备的日常维护、保养、调整和操作记录，必要时，召集相关人员开会讨论，排查设备问题，特别是涉及安全方面的问题，以解决设备的技术、安全、运行问题，再进行设备消缺，并经验收合格后，方可再次投运

续表

序号	事故类型	事故防范要求	涉及工器具	现场处置方案
11	触电事故。 事故描述：触电事故是指由以下因素导致的伤人事故：在建的风机作业位置与外电高压线之间的距离未达到 GB 26859、GB 26860 规定的安全距离，或临时用电架设未采用 TN–S 系统（TN–S 为电源中性点直接接地时，电气设备外露可导电部分通过零线接地的接零保护系统，即设备外壳连接到 PE 上）、未达到“三级配电两级保护”的要求；雨天露天电焊作业；不遵守手持	（1）在建的风机作业位置与外电高压线之间的距离严格执行 GB 26859、GB 26860 规定的安全距离，并在此基础上再适当增加一定的安全冗余，以确保安全。 （2）对临时用电架设必须综合采用 TN–S 系统接地和漏电保护系统，组成防触电保护系统，形成防触电二道防线。 （3）严格执行“三级配电两级保护”的要求。 （4）施工现场临时用电的架设、维护、拆除等工作必须由持证上岗的专职电工完成。 （5）不得在高、低压线路下方进行风塔风机施工、搭建工棚、建造生活设施或堆放构件、架具、材料及其他杂物。 （6）坚持“一机、一闸、一漏、一箱”制度。配电箱、开关箱合理布设，避免不良环境因素损害或引发电气火灾，其装设位置须避开污染介质、外来固体撞击、强烈震动、高温、潮湿、水溅、以及易燃易爆物等。	现场作业人员应配穿有绝缘功能的防冲击工作鞋，一	（1）立即佩戴绝缘手套，使用电源开关切断电源。 （2）佩戴绝缘手套，使用干燥的木棒（如有绝缘杆更好）、布带等工具将电源线从触电者身体上剥离，使触电者迅速脱离电源。 （3）必须将脱离电源后的触电者迅速移至空气流通良好的开阔地，并检查其伤情。对受伤严重者，须立即对其进行

续表

序号	事故类型	事故防范要求	涉及工器具	现场处置方案
11	电动工具安全操作规程；照明灯具金属外壳未做接零保护；潮湿作业未采用安全电压；高大机械设备未设防雷接地；非专职电工操作临时用电等	（7）雨天严禁露天电焊作业。 （8）做好各类电动机械、手持电动工具的接地或接零保护，保证安全使用。凡是移动式照明，必须采用安全电压。 （9）坚持临时用电的定期检查制度	旦发生触电事故，可在一定程度上降低电击伤害	人工呼吸和心肺复苏抢救，直至专业救护人员到来。同时须立即报告上级及业主单位，同时联系救护车，就近送医疗机构救治
12	物体打击。 事故描述：物体打击主要是由于施工人员搬运物件时配合有误，从而引发物件击人事故；另外，现场在使用吊具过程中，发生吊具或吊物击人事故	（1）安全帽具有的耐打击能力，可以有效地保护作业人员头部，降低头部受打击的危害。 （2）防冲击护目镜是现代工业现场必备的安全防护器具，能有效地保护佩戴者眼部免受或减轻遭受到的外力打击。 （3）耐磨手套和抗冲击工作鞋是现场作业人员手脚保护的基本要件，可以一定程度上减少或减轻外力对作业人员的手脚打击，从而保护作业人员的人身安全	（1）现场作业人员（对业主、设计及监理等人员作同样要求）必须正确佩戴合格可用的安全帽和防冲击护目镜，配穿合格工装、耐磨手套、防冲击工作鞋。 （2）配备必要的紧急救护药物与卫生用品	如发生物件伤人，则须立即就地抢救伤者，迅速查看伤情，并针对受伤情况进行抢救。伤情较轻则对被伤害人员做相应的临时性伤情处理，止血、消毒、敷药、包扎等，再由专职医务人员进行救治。如伤情严重，须立即报告上级及业主单位，同时联系救护车，就近送医疗机构救治
13	中毒。 事故描述：中毒事故基本分为现场挖掘物中毒和食物中毒两类，其中食物中毒为多。挖掘物中毒是因为不了解基础地下掩埋物的性	（1）设计部门在进行风机位置选址时，应事先了解选址点先前的用途及用途性质等基本情况，尽可能避免选择被污染地点。 （2）基坑开挖或人工挖孔桩作业前，须进行毒气试验，并在现场配通风设施。	现场配备的紧急救护药物与卫生	（1）施工现场的毒物种类、浓度等情况较为复杂，短时无法辨清。发现人员中毒后，立即让中毒人员大量饮水，刺激喉部使其呕吐。抢救人员应在佩戴好防毒口罩后参与抢救，防止由于方法不当而使抢救人员自身也中毒。

续表

序号	事故类型	事故防范要求	涉及工器具	现场处置方案
13	质，挖掘出土后掩埋毒物扩散，造成现场人员的中毒。因为风电场施工现场通常为集体生活，食堂卫生不达标或食物受污染就很容易引发食物中毒事故	（3）严禁在现场焚烧有毒有害物质。 （4）风机施工现场的生活设施须符合国家卫生许可条件。 （5）食堂炊事员必须具有健康合格证，持证上岗	用品中应包括防毒口罩等中毒抢救用品	（2）将中毒者移至空气流通良好的地方。 （3）必须立即报告上级及业主单位，同时联系救护车，就近送医疗机构救治。 （4）暂停挖掘，如有必要应先将挖掘口迅速掩埋，等待专业人员进行处理后再恢复作业。同时，迅速转移并掩埋挖掘物，防止其继续扩散伤人。 （5）发生人员食物中毒后，应刺激喉部使其呕吐，以尽可能将食物排出体外。 （6）群体性食物中毒必须立即报告上级、业主单位和当地政府疾控中心，性质严重的还须同时联系救护车，就近送医疗机构救治
14	火灾事故。 事故描述：风电场基建施工现场发生火灾大多是由以下原因造成的：电气线路超负荷或线路短路；电热设备、照明灯具使用不当；大功率照明灯具与易燃物品距离过近；电弧或电火花等；电焊机、点焊机的电	（1）施工设计时应根据电气设备的用电量正确选择导线截面积（留有一定冗余），选择配变容量时应有足够冗余，导线架空敷设时，应充分考虑安全距离，严格遵循规程规范。 （2）电气操作人员应严格执行规范，正确连接导线，不允许缠绕、搭接，接线柱须压牢、压实、拧紧。	（1）灭火时佩戴防毒口罩或面具。 （2）断电时，须佩戴绝缘手套、阻燃防护目镜、配穿绝缘鞋（靴）。	（1）迅速切断电源，避免事故扩大。切断电源时，必须佩戴绝缘手套、使用绝缘手柄工具、脚穿绝缘鞋（靴）。 （2）当火场离电源开关较远需剪断电源线时，零线和火线必须错位剪断，以免因剪切工具钳口处造成短路，并须防止电源线掉在地上造成短路，使人触电造成伤害。

续表

序号	事故类型	事故防范要求	涉及工器具	现场处置方案
14	气弧光、火花引燃周围物件；生活区、住宿区临时用电拉设不规范，私拉乱接；私自在宿舍生火、取暖、私用电炉等引燃易燃物件	（3）现场电动机严禁超载使用，电机周围不得有易燃物，发现问题及时解决，保证设备正常运行。 （4）施工现场和生活区严禁使用电炉。使用碘钨灯时，灯具与易燃物间距不得小于 30cm，室内不得使用超过 60W 的灯泡。 （5）施工现场如有高大设备，须事先做好防雷接地工作。 （6）存放易燃气体、易燃物件的仓库内的照明必须使用防爆型设备，导线敷设、灯具安装与设备连接均应严格按照有关规程规范要求执行	（3）作业现场须事先备好与作业内容相对应的灭火器材	（3）当电源线因其他原因无法及时切断时，必须在派人去供电端拉闸的同时即刻使用现场配备的消防器材和灭火器具进行灭火，灭火人员必须穿戴绝缘器具，人体各部位与带电体保持足够的安全距离，同时报 119 火警，防止事故的扩大。 （4）灭火前应先判明火灾性质，然后对“症”灭火。对于电气火灾，必须使用绝缘性能良好的干粉灭火机、二氧化碳灭火器、1211 灭火器、干燥的砂子，严禁使用水剂或导电灭火剂扑救。对于燃油火灾，仅允许使用干粉灭火剂或沙土等扑灭。对于气体火灾，须使用干粉灭火剂或沙土、湿棉被等灭火，严禁使用水或水剂灭火。一般可燃气体有毒，灭火时须佩戴防毒口罩，以防灭火过程中中毒。如无防毒口罩，可用湿毛巾捂住口鼻部，阻挡吸入有毒气体。对于其他火灾，应先用灭火器将明火扑灭，然后观察有无暗火，直至火焰熄灭。严重时，须立即拨打 119 报警

续表

序号	事故类型	事故防范要求	涉及工器具	现场处置方案
15	易燃、易爆危险品引起的火灾、爆炸事故。 事故描述：施工现场有大量的易燃、易爆材料，如油漆、松节油、汽油、氧气瓶、乙炔气瓶等，遇有明火极易引发火灾、爆炸等恶性事故	（1）使用挥发性、易燃性等易燃、易爆危险品的现场，严禁明火、严禁吸烟，同时应加强通风，降低有害气体的浓度，防止发生事故。 （2）焊、割作业点与氧气瓶、乙炔气瓶等危险品的距离不得小于 10m，与易燃、易爆物品的距离不得小于 30m	（1）在易燃、易爆现场作业，必须按规定佩戴全套个人防毒、防火用品。 （2）发生火灾断电时，必须佩戴绝缘手套，配穿绝缘鞋。 （3）涉及有毒有害化学品燃爆作业，必须佩戴全套防护用品，包括佩戴密闭式防异物击打或喷溅护目镜、防毒面罩（也有的配备防毒口罩，但建议配备防毒面罩）、穿用耐油耐酸碱防切割手套、耐酸碱工作鞋，穿着耐酸碱工作服。 （4）配备必要的紧急救护药物与卫生用品	（1）一旦发生火灾或爆炸事故，现场人员必须保持头脑清醒，服从现场负责人指挥，做到有序处置。 （2）对于焊接（割）现场，如引发火灾，现场紧急处置方案参见“气焊（割）与电焊（割）事故”。 （3）施工现场的任何油、酸碱类物资均须按国家有关有毒有害化学品物资管理规定执行，不得随意存放，并在现场存放足够的用于紧急处置爆燃污染的物资。 （4）发生易燃易爆化学品事故（不论爆燃还是污染）时，均必须迅速按国家处置要求使用对应的物质进行覆盖、中和，待反应结束后立即进行去污处理和转移污染物。紧急处置时，作业人员必须佩戴耐酸碱手套，配穿耐酸碱工作鞋，佩戴防酸碱全罩式护目镜。 （5）如果对伤者的情况在现场无法进行处置，则必须及时送医治疗
16	中暑。 事故描述：中暑是一种高温环境下由于人体体温调节功能紊乱而引起的以中枢神经系统和循环	（1）不要等口渴了才喝水，因为口渴表示身体已经缺水。最理想的是根据气温的高低，每天喝 1.5～2L 水。	现场配备的紧急救护药物与卫生用品中应包括防暑抢救用品	（1）一旦有人中暑，应立即将患者移至阴凉且通风良好的地方平卧，双脚抬高，以增加脑部供血，疏解患者中暑的不适。

续表

序号	事故类型	事故防范要求	涉及工器具	现场处置方案
16	系统障碍为主要表现的急性疾病。风电场基建施工现场作业通常在野外，夏季高温或烈日曝晒、工作强度过大、工作时间过长、睡眠不足、过度劳累等均可能引发中暑	（2）出汗较多时，可适当补充一些淡盐水，以弥补人体因出汗而失去的盐分。 （3）夏季人体易缺钾，使人感到倦怠和疲乏，应适当喝含钾茶水予以补充和消暑。 （4）夏令时蔬是补充水分的好食物。如生菜、西红柿、黄瓜等都是含水丰富的时蔬。另外新鲜的水果也是极好的水分补充来源。再有乳制品既能补水，又能满足身体的营养需求	现场配备的紧急救护药物与卫生用品中应包括防暑抢救用品	（2）如患者清醒，可以服用十滴水一类的降暑药物或含盐饮料，以缓解症状。 （3）可以通过物理方法帮助患者降温，比如使用湿毛巾擦拭身体、冷毛巾敷盖额部等帮助解暑。 （4）如一些简单办法不能奏效或中暑程度较重者，必须立即联系救护车，就近送医疗机构救治。 （5）如中暑症状较轻，应适当补水，并至阴凉处休息
17	暴风雨。 事故描述：土建施工现场突然遭遇暴风雨，引发基础坍塌事故或现场人员伤害事故	（1）坚持每日了解天气预报制度，时刻关注天气变化，达到黄色或红色预警时，不得进入现场作业。 （2）对于突发暴风雨，管理部门和监理人员应及时疏散撤离现场人员，防止因此造成的土方坍塌、强风等灾害导致人员受伤。 （3）进行基础土方施工时，应根据实际情况设置有效的排（降）水措施。 （4）遇有风速10.8m/s及以上大风，严禁登高作业，现场塔吊、施工电梯等停止运行。 （5）施工用电源箱必须为防雨型，且配有漏电保护装置。电源箱上部装有防雨棚。 （6）施工用塔吊、施工电梯必须可靠接地	土建施工现场应配有一定数量的绝缘手套、绝缘鞋（靴）、拉闸用绝缘杆等安全工器具	（1）突发暴风雨时，立即停止现场作业，除值班人员在施工现场留守外，其他人员一律撤离至安全地带，等待命令。 （2）现场撤离时，应将现场设备拉闸断电。拉闸时，作业人员须佩戴绝缘手套、配穿绝缘鞋（靴）。必要时应使用专用工具或绝缘杆进行拉闸作业

续表

序号	事故类型	事故防范要求	涉及工器具	现场处置方案
18	社会群体性事件。 事件描述：由于风电场占地等与当地居民发生利益和环境损失等的冲突导致事件发生	（1）进入现场前应充分了解当地的实际情况，并事先做好应对准备。 （2）积极和当地政府沟通与联络，争取政府的支持与帮助。 （3）开展地方居民的联谊活动，取得居民的认同与认可		（1）依据有关文件和批复，以说理的方式劝解居民，争取得到理解。 （2）劝解的同时须即刻与当地政府联系，汇报情况，赢得支持和实际帮助

5.5.2 风机安装的专项应急预案及现场处置方案

风机现场安装是一项危险性较大的工作。风机方面的特点是部件繁杂、体积庞大、质量重、现场组装、安装质量要求严格；作业机具方面的特点是类型多、大型机具担当重要角色；作业人员方面特点是现场人员结构复杂，除业主单位人员和监理人员以外，还有设计、施工、安装、运输、辅助作业人员等；时间要求上比较紧，通常1台风机的安装时间大多在1～2天完成。这样一个庞然大物要在这么短的时间内保质保量地完成安装，的确是有一定难度的，也存在各种的危险点、危险源，要圆满地完成任务，就必须编制较好的施工作业方案和应急预案。就应急预案方面，应更加侧重于专项应急预案的编制和现场事故处置方案的编制与实施。

（1）一般而言，风机安装基本流程为：设备卸车——设备开箱、检查验收（包括搬运、清洗等作业）——基础验收（水平度检测）——基础处理——塔筒内附件及电气布线安装——地面控制平台安装——地面控制柜及变压器在地基上的寄存——塔架下段安装——塔架中段安装——塔架上段安装——安装机舱——地面组装叶轮——安装叶轮——螺栓紧固——发电机内部电缆敷设及接线、固定控制柜、安装变压器、连接接地——验收——试运转——移交——安装阶段结束。

由于各风机设备生产单位的产品型号各不相同，因此箱变和控制柜的布设也各不相同。箱变有安装在机舱内的，有安装在风塔基础上的，也有安装在风塔外的。控制柜同样有安装在机舱内的，也有安装在风塔基础上的。这里都仅以以上流程为例进行阐述。

（2）安装阶段必须具备一定的条件，否则安装工作无法正常进行。其正常的条件是：

1）风机基础和设备满足安装施工的基本条件；

2）现场作业人员已经经过设备生产单位培训且合格，设备已经经过检查并已进入待安装施工状态；

3）安装用机具已经到位，安装用的各类专用工具齐全好用；

4）设备已清点检查完毕，未发现问题或存在异议，并已领用出库；

5）设备生产厂家指导人员已到位；

6）环境、气候等外界因素能满足安装施工要求，即地面风速没有 12m/s 以上大风，非雷、雨、雪、雾等恶劣天气；

7）安装施工道路能满足吊车行走需求，并有足够的设备置场和施工场地；

8）已经对现场参与施工的作业人员进行了必要的技术培训和方案交底，已经就安全施工的组织措施和技术措施进行了交底。

在此基础上，方可开始进行安装作业。

（3）从安装作业的基本流程和应具备的基本条件可以分析出，这个阶段主要可能发生的事故类型是：高处坠落事故、机械伤害事故、物件打击伤害、触电事故。相关的事故防范要求、现场处置方案见表 5–2。

表 5–2 风机安装阶段的主要事故类型及现场处置方案

序号	事故类型	事故防范要求	涉及工器具	现场处置方案
1	物件打击伤害。 事故描述：物件由于重力或其他外力作用产生运动，进而打击人体，造成人身伤害事故	（1）现场人员必须有强烈的安全防护意识，配穿（佩戴）应有的所有安全防护装备，以有效防止意外伤害。 （2）突出强调团队合作精神，相互关心与关注，以“安全第一”作为工程作业的第一要务	（1）现场人员必须正确佩戴安全帽，且安全帽必须合格可用。 （2）现场人员必须配穿工装、防冲击耐磨工作鞋、佩戴耐磨手套、防冲击护目镜等 PPE 的相关防护装备。 （3）正确使用器具，防止器具配合使用时伤人。 （4）现场配备必要的救护和卫生用品及药物	（1）一般伤口处置： ① 对于伤口不深的外出血症状，先用双氧水清洗掉创口的污物，再用酒精消毒（无双氧水、酒精等消毒液时，可用瓶装水冲洗伤口污物），伤口清洗干净后用消毒纱布包扎止血，然后立即就近送医疗机构进一步救治；② 一般小动脉出血，用多层加压包扎即可止血。较大的动脉创伤出血，还应在出血位置的上方动脉搏动处用手指压迫或用止血胶管（或用布带）在伤口近心端进行绑扎，加强止血效果；大的动脉及较深创伤大出血，在现场做好应急止血加压包扎后，必须立即报告上级及业主单位，同时联系救护车，就近送医疗机构救治；③ 对出血较严重的伤者，在止血的同时，还应密切注意伤者的神智、皮肤温度、脉搏、呼吸等体征状况，以判断伤者是否进入休克状态，同时必须立即联系救护车，就近送医疗机构救治。 （2）物体打击导致骨折时，应立即对骨折情况进行判断，并进行相应处理：① 骨折断端外露，应在其原位用消毒敷料或干

续表

序号	事故类型	事故防范要求	涉及工器具	现场处置方案
1				净的布类临时包盖及固定伤口，不应立即将其复位，待送医院清创后再进行复位；② 闭合性骨折的病人，若患肢肿胀较剧，可剪开衣袖或裤管以解除压迫；若有穿破皮肤、损伤血管和神经的危险时，应先用夹板阕定，小心搬运病人，以防止骨折移位；③ 严重骨折移位、成角畸形或骨折端已顶于皮下将刺穿皮肤时，可沿肢体轴线方向用手法轻柔地牵引，以改善局部电运，初步纠正畸形压迫。 骨折未经固定原则上不应随意搬动伤员或移动伤肢，如必须搬动而当时又确无适当的外固定物时，可利用躯干或对侧肢体固定。若怀疑脊柱骨折，伤员应就地静卧，切忌脊柱弯曲或扭转，以免造成终身截瘫。在对骨折进行处理的同时，必须立即联系救护车，就近送医疗机构救治。 （3）物体打击导致颅脑损伤时，应根据岗前培训所传授的颅脑外伤急救方法进行抢救，注意搬运时对伤者的保护，对昏迷、可能伤及脊椎、内脏或伤情不详者一律使用担架或平板搬运，严禁采用搂、抱、背等不当方式搬运。应使伤者取平卧位，保持气道畅通。如有呕吐，应扶好头部和身体躯干，使头部和身体同时侧转，防止呕吐物造成伤者窒息。耳鼻部位有液体流出时，禁止用棉花堵塞，仅可

续表

序号	事故类型	事故防范要求	涉及工器具	现场处置方案
1				轻轻擦拭，以利于降低颅内压力。同样，禁止用擤鼻方法排除鼻内液体或将液体再度吸入鼻内。 如呼吸和心跳均停止，应立即按心肺复苏法支持生命的三项基本措施（通畅气道、口对口人工呼吸和胸外接压），正确进行就地抢救，同时必须立即联系救护车，就近送医疗机构救治。 （4）所有施救过程必须在专业救援人员到达现场后方可结束，工作人员应配合救援人员进行救治
2	机械伤害事故。 事故描述：机械设备运动或静止部件、工具、加工件直接与人体接触引起的挤压、碰撞、冲击、剪切、卷入、绞绕、甩出、切断、切割、刺扎等伤害。不包括车辆、起重机械引起的伤害	（1）现场人员必须有强烈的安全防护意识，配穿（佩戴）应有的所有安全防护装备，以有效防止意外伤害。 （2）突出强调团队合作精神，相互关心与关注，以安全第一作为工程作业的第一要务	（1）现场人员必须正确佩戴安全帽，且安全帽必须合格可用。 （2）现场人员必须配穿工装、防冲击耐磨工作鞋、佩戴耐磨手套、防冲击护目镜等 PPE 的相关防护装备。 （3）正确使用器具，防止器具配合使用时伤人。 （4）现场配备必要的救护和卫生用品及药物	（1）应立即将伤者转移到安全地带，采取防止受伤人员失血、休克、昏迷等紧急救护措施（包扎、止血等），同时必须立即联系救护车，就近送医疗机构救治。 （2）若伤者需要抢救，应立即就地进行抢救，直至医护人员接替救治。 （3）伤者呼吸和心跳均停止时，应立即采取心肺复苏法进行抢救。 （4）对失去知觉者宜清除口鼻中的异物、分泌物、呕吐物，随后将伤者置于侧卧位以防止窒息。 （5）现场施救人员要与医院做好伤者的交接，以协助医务人员尽快制定救治方案。 （6）发生人员骨折时，现场处置方案见“物件打击伤害导致骨折的现场处置方案”

续表

序号	事故类型	事故防范要求	涉及工器具	现场处置方案
3	起重伤害。 事故描述：在各种起重作业（包括起重机械安装、检修、试验）过程中发生的挤压、坠落、物体（吊具、吊重物）的打击等	见“物件打击伤害”	见“物件打击伤害”	见“物件打击伤害”
4	火焰烧伤、高温物体烫伤、化学灼伤（酸、碱、盐、有机腐蚀物引起的体内外的灼伤）、物理灼伤（光、放射性物质引起的体内外灼伤）。不包括电灼伤和火灾引起的烧伤。 事故描述：此类事故主要发生在设备安装过程中对某些部件的加工、清洗等作业中	（1）现场人员必须有强烈的安全防护意识，配穿（佩戴）应有的所有安全防护装备，以有效防止意外伤害。 （2）突出强调团队合作精神，相互关心与关注，以安全第一作为工程作业的第一要务	（1）现场人员必须正确佩戴安全帽，且安全帽必须合格可用。 （2）现场人员必须配穿工装、防冲击耐磨工作鞋、佩戴耐磨手套、防冲击护目镜等 PPE 的相关防护装备。 （3）正确使用器具，防止器具配合使用时伤人。 （4）现场配备必要的救护和卫生用品及药物	（1）先用凉水把伤处冲洗干净，然后把伤处放入凉水浸泡半小时。一般来说，浸泡时间越早，水温越低（不能低于 5℃，以免冻伤），效果越好。但伤处已经起泡并破了的，不可浸泡，以防感染。 （2）皮肤被油或开水烫伤后，可用风油精、万花油或植物油（如麻油）直接涂于伤面，皮肤未破者，一般 5min 即可止痛。 （3）对于重度烫伤，在用以上方法处理的同时必须立即报告上级及业主单位，同时联系救护车，就近送医疗机构救治
5	火灾事故。 事故描述：安装过程中，因错误的操作引发火灾，导致人员伤亡	（1）如有动火作业，必须事先编制作业指导书，明确危险点与危险源，提出相关技术措施和组织措施，防止和避免火灾事故，避免火灾伤害。	（1）在动火作业中，须佩戴、配穿作业指导书中规定的 PPE，以有效保护作业人员自身安全。	（1）现场抢救人员迅速将伤者转移，脱离火灾现场，置于通风良好的地方，清除口鼻分泌物，保持呼吸道通畅。 （2）在进行现场应急处置的同时必须立即联系救护车，就近送医疗机构救治。

续表

序号	事故类型	事故防范要求	涉及工器具	现场处置方案
5		（2）发生火灾立即先行灭火，现场应根据作业内容配备相应的消防器材	（2）现场配备必要的救护和卫生用品及药物	（3）如衣服着火，迅速脱去燃烧的衣服，或就地打滚压灭火焰、或以水浇，或用衣被等物扑盖灭火。 （4）在烧伤后，应将受伤的肢体放在流动的自来水下冲洗或放在大盆中浸泡。 （5）如可能出现吸入性损伤，应迅速给伤者吸氧、保持呼吸道通畅、防止肺部感染和水肿。同时必须立即联系救护车，就近送医疗机构进行专业救治。 （6）火灾伤者呼吸和心跳均停止时，应立即按心肺复苏法进行抢救，同时必须立即联系救护车，就近送医疗机构救治。 （7）在医务人员未接替抢救或未送到医院前，现场抢救人员不得放弃抢救
6	高处坠落事故。 事故描述：高处作业时发生的坠落事故造成的伤害。不包括触电坠落事故	（1）防高坠事故很重要的一条就是穿戴好个人PPE，同时正确使用安全带和安全防护器具。 （2）高处作业必须强化监护制度。 （3）风机安装的高处作业应特别强调团队合作精神	（1）风机安装现场风险较大，危险点较多，作业人员必须按照高处作业的安全防护要求进行防护，即全套PPE防护。 （2）高处作业必须配穿全身式安全带（最好是风电专用防坠型全身式安全带），加配二次保护绳和缓冲器，并强调正确使用	（1）应立即将伤者转移到安全地带。若伤者出现创伤性出血，应首先处理伤口进行止血；若伤者发生骨折，应就地进行固定，防止移动时受到二次创伤。 （2）如伤者处于昏迷状态但呼吸心跳未停止，应立即进行口对口人工呼吸，同时进行胸外心脏按压。 （3）如伤者心跳已停止，应先进行胸外心脏按压，直到心跳恢复为止。

续表

序号	事故类型	事故防范要求	涉及工器具	现场处置方案
6				（4）伤情较重时，在施救的同时必须立即联系救护车，就近送医疗机构救治
7	触电事故（含电弧灼伤）。 事故描述：风机安装阶段的触电事故应该是外电伤害事故，是各种设备、设施及涉电作业中的电灼伤、电击等造成的伤害	（1）在建风电场风机作业位置与外电高压线之间的距离应严格执行 GB 26859、GB 26860 规定的安全距离，并在此基础上再适当增加一定的安全冗余，以确保安全。 （2）对临时用电架设必须综合采用 TN-S 系统接和漏电保护系统，组成防触电保护系统，形成防触电二道防线。 （3）严格执行“三级配电两级保护”的要求。 （4）施工现场临时用电的架设、维护、拆除等工作必须由持证上岗的专职电工完成。 （5）不得在高、低压线路下方进行风塔风机施工、搭建工棚、建造生活设施或堆放构件、架具、材料及其他杂物。 （6）坚持“一机、一闸、一漏、一箱”制度。配电箱、开关箱合理布设，避免不良环境因素损害或引发电气火灾，其装设位置须避开污染介质、外来固体撞击、强烈震动、高温、潮湿、水溅、以及易燃易爆物等。	（1）现场作业人员应配穿有绝缘功能的防冲击工作鞋，一旦发生触电事故，可在一定程度上降低电击伤害； （2）可能条件下，应根据实际，现场人员配穿一级要求的电弧防护服装和配套用品（参见 DL/T 320—2010 要求）	（1）立即佩戴绝缘手套，使用电源开关切断电源。 （2）佩戴绝缘手套，使用干燥的木棒（如有绝缘杆更好）、布带等工具将电源线从触电者身体上剥离，使触电者迅速脱离电源。 （3）必须将脱离电源后的触电者迅速移至空气流通良好的开阔地，检查伤情。对受伤严重者，须立即对其进行人工呼吸和心肺复苏抢救，直至专业救护人员到来。同时须立即报告上级及业主单位，并联系救护车，就近送医疗机构救治

续表

序号	事故类型	事故防范要求	涉及工器具	现场处置方案
7		（7）雨天严禁露天电焊作业。 （8）做好各类电动机械、手持电动工具的接地或接零保护，保证安全使用。凡是移动式照明，必须采用安全电压。 （9）坚持临时用电的定期检查制度		
8	大风作业事故。 事故描述：大风条件下现场设备的卸车、存放、吊装等都可能造成事故，须高度重视防风工作	（1）大风来临即停止一切工作，且安排专人分项目负责设备、物资的防风工作。 （2）在大风来临前，做好设备加固工作。 （3）吊装作业须密切关注天气预报和地质灾害预报，风速大于10.8m/s时，严禁吊装作业。 （4）塔架摆放于基础环一侧的平整地带，用专用枕木垫稳垫实，两侧用小方木固定，防止滚动。 （5）电控柜卸车后，被风面较大一侧顺主风向放置，使用防雨布覆盖，防雨布四角使用地钉钉牢。 （6）机舱卸车时应选在基础附近平整地带顺风摆放，并用枕木垫稳垫实，然后将所有的盖板盖好，以防灰尘、杂物进入。	（1）安装阶段进行现场设备卸车、存放、吊装作业时，作业人员必须佩戴全罩式防风防击打护目镜，佩戴防尘口罩、配穿耐磨手套、配穿耐油耐磨防刺防冲击工作鞋。 （2）作业现场配备必要的医药、急救医疗器材	如果发生事故造成人员受伤时，轻者应立即在现场利用既有医药和医疗器材就地实施处置，伤情较重时则必须及时送医院救治

续表

序号	事故类型	事故防范要求	涉及工器具	现场处置方案
8		（7）叶片卸车时，一定要选在地面平整且有利组对的地方，使叶片在安装时组对方便。叶片应顺风摆放，3个叶片间距不小于3m，摆放好后用吊带（或麻绳）松紧器将其固定。 （8）轮毂应卸在有利于吊装叶轮的位置，并用枕木固定好。 （9）塔筒应卸在距基坑较近的地方，并用枕木固定		

5.5.3 风机调试的专项应急预案及现场处置方案

风机设备安装就位后，要对风机设备分别进行调试，各系统调试和整机调试，以保证风机运转达到风机设备生产单位的运行参数和良好的运行状态，保证风机移交时处于安全、完好，达到风机标称的各项技术指标和参数，以保证业主单位顺利验收。这是风机基建阶段十分重要，也是十分关键的一项工作。虽然风机在生产单位出厂前经过严格的质量检验和系统调试，但是在运输、存放、安装等过程中，难免会发生这样那样的事件或问题，可能会改变设备本来的状态和参数。通过调试，可以及时发现问题，并就地解决，保证设备达到设备出厂状态，为顺利试运行和移交创造必要的条件。同时，通过调试也能掌握设备现场的状态和问题，为设备的升级换代和甲方的运行初始记录创造条件。

调试工作是一项技术性很强的工作，参与调试工作的现场人员需要有强烈的责任心、较好的技术技能、较高的安全防护意识和技巧技能、良好的心理状态等基本条件。由于风机设备及设备布设的特点，调试工作有一定的风险，参与调试工作的现场人员对此应当有充分的认识。通过认真地辨识调试作业中的危险源和危险点，编制必要的调试大纲和安全作业规范书，保证调试作业的完成和作业安全。同时，根据调试作业的具体情况，编制必需的应急预案，提出防范事故的组织措施和技术措施；以及一旦发生事件或事故时，及时启动应急预案，进行即刻的现场救援措施，避免和防止事件状态扩大或尽可能减少或减轻事故伤害程度，以最有利的方法保护现场人员的人身安全和设备安全。

设备调试作业主要是调试前的准备工作和各设备、系统的分别调试。其中：进场准备的预案主要涉及车辆运输时的安全保障及现场应急；调试设备的搬运安全（这里既包括设备仪器仪表的安全，也包括调试人员的作业安全）和登塔过程的人员安全及其应急预案；调试过程中使用的机舱吊物提升机的安全防范和应急措施；机舱内设备调试的安全防范和应急措施；轮毂内设备调试的安全防范和应急措施；出舱调试的安全防范和应急措施等。

风机调试必须满足技术要求和环境允许条件，在未能够达到要求的情况下不得擅自开始调试作业。所有现场调试人员必须达到调试大纲要求的人员资质要求，具有较高的技术技能和应急处置能力。作业前必须进行技术交底和安全防范确认，让每一位参与调试的人员都十分清楚自己担任的工作和作业风险，了解和掌握一旦发生应急情况时的现场处置方法，掌握必需的应急处置技能技巧，能沉着应对面对的紧急情况。相关的事故防范要求和现场处置方案见表 5–3。

表 5–3　风机调试阶段的主要事故类型及现场处置方案

序号	事故类型	事故防范要求	涉及工器具	现场处置方案
1	调试准备阶段的车辆行驶作业。 事故描述：常见交通事故大多为行人、自行车被机动车撞伤或车辆倾覆伤及车内人员等。严重的事故可导致人员伤亡，伤情常为复合伤	（1）担任司驾任务的驾驶员执行任务前必须经过安全检查部门的检查，严禁疲劳驾驶、酒后驾驶、无证驾驶等违法行为。 （2）严格行车审批程序，行车前必须进行安全技术交底，尤其是行车中的陡坡、急弯等危险地段的行车要求必须交代清楚，强化行车注意事项和安全防范措施。 （3）运送调试人员的车辆须事先进行安全检查，并配备有资质、责任心强、驾驶技术水平高的驾驶员运送调试人员，以保证运送过程的行驶安全。 （4）车辆必须在人员全部上车并车门锁闭后方可启动行驶。 （5）驾驶员必须按照事先编制好的行驶路线行驶，行驶过程中，严格遵守交通法规，严禁超速行驶。 （6）车辆行驶到风机现场后，调试负责人必须先行观察风机现场情况，在确认无异常、无高坠物体打击等危险后方可安排调试人员下车，进行搬运物品等作业	驾驶员可根据行驶路线及天气状况佩戴有色防护目镜	交通事故发生后应立即积极抢救与原地施救，及时报告项目经理部和当地医疗机构，以最短的时间将伤者送医院救治

续表

序号	事故类型	事故防范要求	涉及工器具	现场处置方案
2	调试准备阶段作业。 事故描述：调试准备阶段有大量搬运作业，易发生人员伤害事故，主要以腰伤、磕、擦、挤、撞等伤害为主	（1）调试开始前要有充分的准备，严格按照规定优选调试人员，并保证人员资质、身体状况、技能技巧等都符合现场调试的要求。 （2）调试各小组成员必须明确各自职责与任务，作业前进行工作交底和安全防范交底，参与人员进行必要的安全保证承诺。 （3）参与人员按照相关规定和具体作业内容应配备必要的安全防护装备并正确穿用。 （4）调试准备时，涉及大量的器具进场，搬运时，严禁简单弯腰搬运，防止因角度、姿势不当导致作业人员腰部受伤。 （5）在进行物理搬运时，应事先编制作业方案，采取正确的方法，避免可能发生的划伤、磕碰、击打等伤害。 （6）搬运时严禁生拉硬拽，多人配合搬运时，应有一人为指挥，协调合力搬运，以保证作业安全	（1）调试作业进场人员须佩戴安全帽、配穿工装、配穿耐磨手套、配穿防冲击耐磨绝缘工作鞋、佩戴防冲击目镜等必备PPE装具。 （2）配备必要的搬运器具。 （3）搬运指挥人员须配备通信设备等。 （4）现场应备有必要的医疗急救器材和药物	一旦发生事故，轻微的伤害允许在现场加以处理（事先应经过相关医疗卫生培训），较严重的即送医治疗，并报项目经理部和业主单位

续表

序号	事故类型	事故防范要求	涉及工器具	现场处置方案
3	风机接地系统调试作业。 事故描述：接地系统技术参数未达到技术规范要求的指标，可能引发人员触电事故。另外，一旦发生雷击，则可能引发风机燃毁事故	（1）风塔必须有可靠的接地系统，这既关系到风机的安全运行，也是有效减少风电现场人员触电事故的重要保障。 （2）正式调试前必须对风机的接地系统进行有效的接地检查，只有接地系统达到技术规范规定的技术要求和参数方可进行下一步作业。 （3）接地系统测试必须每组不少于 2 人，必要时允许 3 人并设专职监护人员。 （4）接地检测必须严格执行 GB 26164—2013、GB 26860—2011、DL/T 796—2012 规定的安全作业规范	（1）在调试前须对风机接地系统进行接地参数检测，检测时，检测人员须佩戴安全帽、配穿工装、作业时配穿绝缘手套、配穿绝缘鞋、佩戴防护目镜等必备 PPE 装具。 （2）机舱内进行测试时，作业人员必须佩戴包括二次保护安全绳、防坠自锁器等全套防高坠器具。 （3）现场应配备必要的绝缘杆以供紧急时使用。 （4）现场必须配备紧急救护用医用药箱，以供一旦出现情况使用。 （5）在机舱内测试接地时，现场必须配备紧急救援装具，以供一旦风机出现诸如火灾等意外情况时使用	（1）一旦发生人员触电事故，必须按照触电应急事故要求进行现场抢救和立即送医救治。具体要求如下：① 立即佩戴绝缘手套，使用电源开关切断电源；② 佩戴绝缘手套，使用干燥的木棒（如有绝缘杆更好）、布带等工具将电源线从触电者身体上剥离，使触电者迅速脱离电源；③ 必须迅速将脱离电源后的触电者移至空气流通良好的开阔地，检查伤情。对受伤严重者，须立即对其进行人工呼吸和心肺复苏抢救，直至专业救护人员到来。同时须立即报告上级及业主单位，并联系救护车，就近送医疗机构救治。 （2）如果发生因接地系统不达标，遇雷击而引发风机或风机叶片燃毁，应根据具体情况进行如下处理：① 如有人员在机舱内，应立即有序下塔，紧急时可以利用紧急救援装置迅速下塔，以最大限度保护人员安全；② 人员迅速撤离至安全区域，将人员伤害控制在最小程度

续表

序号	事故类型	事故防范要求	涉及工器具	现场处置方案
4	进塔作业。 事故描述：通常塔体基座高于地坪一定距离，进入塔体需踩踏扶梯，可能因踩空而引发跌落事故。当上至扶梯平台打开塔筒门，即刻将塔筒门固定锁销插入锁孔固定塔筒门，防止塔筒门开合移动伤人	（1）进塔作业人员必须按规定佩戴配穿必须的安全防护装具。 （2）进塔前须检查塔体和塔筒门的连接与锁闭情况，仅允许检查确认安全可靠后，方可进塔作业。 （3）进塔必须有序，禁止边说笑边进塔，防止由于不专心而引发磕碰伤害等事故	进场作业人员须佩戴安全帽、配穿工装、配穿作业内容相应的防护手套、配穿防冲击耐磨绝缘工作鞋、佩戴防护目镜等必备PPE装具；有必要时，应佩戴耳部防护器具	进塔事故主要是磕、擦、挤、撞等伤害，因此，现场应备有必要的医疗急救器材和药物，一旦发生事故，轻微的伤害允许在现场加以处理（事先应经过相关医疗卫生培训），较为严重的即送医治疗，并报项目经理部和业主单位
5	对开关、熔断器、隔离开关等进行上电调试作业。 事故描述：可能发生因短路、绝缘不达标等情况而引发开关漏电，甚至电弧灼伤等事故。另外，电气设备可能由于短路等原因引发火灾	（1）进塔作业前做好充分的准备，严格按照规定优选调试人员，并保证人员资质、身体状况、技能技巧等都符合现场调试的要求。 （2）调试各小组成员必须明确各自职责与任务，作业前进行工作交底和安全防范交底，参与人员进行必要的安全保证承诺。 （3）作业人员按照相关规定和具体作业内容应配备必要的安全防护装备并正确穿用。	（1）现场作业人员须佩戴安全帽、配穿工装（最好配穿最低等级的电弧防护服、电弧防护面屏，电弧防护手套应与薄型绝缘手套配合使用）、配穿防冲击耐磨绝缘工作鞋等必备PPE装具。 （2）为防止短路或其他原因引起火灾，作业前配备并检查灭火器及灭火器具的配置情况和有效期等。	（1）这类作业的伤害主要是涉电伤害，一旦发生伤害事故，必须立即就地抢救，针对具体情况应对伤者采用心肺复苏抢救和简单的伤情处理，事故发生的同时必须立即向当地医疗机构求救，及时送医治疗，以最大限度地降低事故的危害，同时将事故及事故情况报告项目经理部和业主单位。

续表

序号	事故类型	事故防范要求	涉及工器具	现场处置方案
5		（4）虽然风机开关、熔断器、刀闸电压一般不高，但必须充分认识和采取包括正确使用安全工器具和作业工具等必要的措施，防止事故的发生。 （5）应该依据调试作业内容配备必要的专职现场安全检查人员，对作业全过程进行监护	（3）机舱调试现场必须配备卫生救护器材。 （4）机舱现场必须备有紧急救援器材，一旦发生火灾等无法控制的事故，立即启用紧急救援系统迅速撤离人员，以保证人员生命安全	（2）由于种种原因引发起火事故时必须立即组织就地灭火，通常机舱备有灭火器。如因火势较大，现场灭火已经不可能，则必须按照事先编制的预案有序、迅速地撤离风塔，保证人员生命安全
6	调试使用兆欧表作业。 事故描述：由于未正确使用兆欧表，可能引发电击伤害事故	（1）切断被测设备电源与负载，并经充分放电后再进行摇测。绝不允许用兆欧表测量带电设备或断电后未经充分放电即对设备测量绝缘电阻。否则，将对人员和设备构成极大的危险或伤害。在取得稳定读数后，先拆线对后停摇。 （2）测量前必须将被测设备清扫擦拭干净。 （3）环境湿度过大时应采用屏蔽线。 （4）禁止雷雨天气进行测试。	（1）使用兆欧表必须佩戴绝缘手套。 （2）测量时，作业人员应佩戴护目镜。	由于风机被测设备通常电压等级不高，测量引起的伤害程度也就不会很大，故现场主要是加强监护，一旦发生意外伤害，应就地进行必要的救护工作

续表

序号	事故类型	事故防范要求	涉及工器具	现场处置方案
6		（5）测试过程中，作业人员不得触及被测设备的测量部分或兆欧表的接线柱、测试线等部件，对于没有充分放电的电容型设备不得接近或触及。 （6）在带电设备上附近使用兆欧表测量绝缘电阻时，现场作业人员不得少于2人，仪表、连接线、人体对带电设备必须保持足够的安全距离，且不得大力拉拽测试导线和擅自扩大作业范围。 （7）在兆欧表没有停止转动或被测设备没有放电前，切勿用手触及兆欧表的接线柱或被测设备，必须先将被测设备对地充分短路放电后，才能停止摇动兆欧表，进行拆线工作	（3）配备必要的卫生救护材料和药物	
7	机舱调试作业。 事故描述：登高过程中未严格执行安规规定和未正确使用器具引发高坠事故	（1）机舱调试作业必须经登高方可达到作业区域，登高过程中存在高坠风险，所有机舱作业人员必须持有登高作业资质。	（1）机舱登高作业人员必须佩戴安全帽、配穿全身式安全带（尤以配穿风电专用全身式安全带为宜）；配用相应的二次保护绳（以双钩保护绳为宜）、缓冲器、限位绳及连接器等，并正确使用；佩戴安全帽；佩戴耐磨手套；配穿耐油耐磨防滑防冲击绝缘多功能工作鞋等全套PPE防护器具及二次保护器具。	（1）登高作业最大的危险就是发生高坠事故，一旦发生高坠事故，应立即对伤者现场抢救，并即刻向当地医疗机构求助，以最快速度送医治疗。 （2）发生高坠事故后搬运伤者时应特别注意正确的搬运方式，防止二次伤害。

续表

序号	事故类型	事故防范要求	涉及工器具	现场处置方案
		（2）塔筒登高必须有序，每节塔筒仅允许一人攀爬，只有该人到达安全平台、挂好二次保护绳，并锁闭安全平台门后，下一位登高者方可登梯。 （3）在同一梯蹬上仅允许最多同时系挂2副二次保护绳。 （4）严禁登高过程中嬉闹。 （5）进入塔体即刻打开塔内照明，尽可能在佩戴的安全帽上加装自带照明器具。 （6）攀爬时工具包必须密闭锁紧，通常带载工具包的作业人员应最后一位登高且第一个下梯，以防止任何可能的工具包中工具坠落伤人	（2）整个登梯过程中应配备通信设备，并保持通信畅通	（3）如事故发生在机舱或塔体较高部位，应采用紧急救援系统实施救援
8	液压回路检查作业。 事故描述：液压回路调试作业由于场地狭小，易引发磕碰伤害，液压站作业保护不到位可能引发人员眼部、手部伤害等	（1）由于塔筒最上层平台与机舱平台间空间狭小，偏航刹车盘、闸体位于此两平台之间，且无照明，因此极易发生磕碰头部，作业时，应正确佩戴安全帽，且加装头戴式安全照明或使用手持式照明灯具。 （2）液压站上电后检查并紧固接头螺栓时必须进行眼部和手部防护，严禁直接接触液压油	（1）佩戴安全帽，尤以带有头戴式照明的安全帽为最佳，如无头戴式照明灯，则必须配备和使用手持式照明灯具。 （2）发现液压站有漏油需要紧固接头螺栓时，必须佩戴防护目镜，佩戴耐油防护手套，严禁人员手部接触液压油。 （3）配备医疗救护器材及药物	（1）由于平台空间狭小，作业时，一旦发生人员磕碰事故，应立即停止其工作，检查磕碰情况，视具体情况给予现场救治，如伤害严重应立即送医治疗。 （2）紧固接头螺栓时引起眼部伤害，应立即现场采取救治措施，情况严重时应即刻送医治疗。 （3）因液压油侵蚀造成手部伤害的，应立即现场采取救治措施，情况严重时应即刻送医治疗

续表

序号	事故类型	事故防范要求	涉及工器具	现场处置方案
9	水冷系统调试检查。 事故描述：一般水冷系统置于风机基础环负一层平台上，与上一层平台间距大于 2m，且防坠装置未装至基础环平台，故存在跌落风险；由于水冷系统周边空间狭小，易引发磕碰伤害及眼部伤害等事故	（1）加水用水泵在搬运时须密切配合，防止伤害人员腰部和发生磕碰伤害。 （2）加水冷液过程中，手动排气时，应注意保护，躲避部分液体从排气孔喷出时的液体伤害	（1）进入现场须佩戴好安全帽、全身式安全带，及包括安全绳、缓冲器、连接器等在内的全套二次保护安全系统。 （2）现场作业时，人员应佩戴安全帽、耐磨防护手套、配穿耐磨防滑防冲击安全鞋。 （3）加水冷液作业时，须佩戴耐酸碱防护手套、佩戴防护目镜，防止和避免有毒化学物品伤害眼部。 （4）现场应备有必要的医疗急救器材和药物	（1）水冷系统调试检查的风险在于磕碰伤害、高坠伤害、有毒化学物品伤害等，一旦发生事故，轻微的伤害允许在现场加以处理（事先应经过相关医疗卫生培训），较为严重的即送医治疗，并报项目经理部和业主单位。 （2）一旦发生高坠、有毒物品伤害等高危事故，应立即对伤者现场抢救，并即刻向当地医疗机构求助，以最快速度送医治疗
10	机舱吊物提升机检查作业。 事故描述：机舱吊物口吊物调试主要是防止发生高坠事故	（1）进行提升机功能测试，仅允许经确认吊物口处于关闭状态时，作业人员方可靠近吊物口，以防止发生高坠事故。 （2）校正提升机接线相序必须先断开电源，且经检查确认提升机无电后，再使用器具进行倒线。 （3）倒线作业必须防止接线错误或误触带电接线端子，避免发生触电事故。	作业人员必须佩戴安全帽（机舱内作业允许临时性摘除）、穿着工装、佩戴防冲击护目镜、配穿全身式安全带，佩戴耐磨手套、配穿防滑耐磨耐油安全工作鞋、配用二次保护全套器具等	（1）一旦发生高坠事故，应立即对伤者现场抢救，并即刻向当地医疗机构求助，以最快速度送医治疗。 （2）发生高坠事故后搬运伤者时应特别注意正确的搬运方式，防止二次伤害。

续表

序号	事故类型	事故防范要求	涉及工器具	现场处置方案
10		（4）进行提升机链条导入链盒内时，一人操作手柄，一人捋顺链条。由于链条较重，且可能存有油污或铁屑，故须佩戴耐油防切割手套。 （5）一旦链条打结即刻停止提升机运行，以避免链条伤害作业人员。 （6）仅允许链条捋顺并全部导入链条盒内，方可允许 将调试用较重较大的物件通过提升机吊至机舱，进行吊物试验。 （7）提升机吊物前，须先将吊物口防护栏布设好，作业人员穿好全身式安全带，并配用防高坠的二次保护系统，将安全绳经连接器分别接入安全带和系挂于机舱专用锚点上，然后再打开机舱吊物口盖板和机舱吊物口门。 （8）利用机舱吊物口吊物，作业人员必须严格执行吊物口安全作业规定和技术规范		（3）如事故发生在机舱或塔体较高部位，应采用紧急救援系统实施抢救
11	风速仪、风向标检测作业。 事故描述：风速仪、风向标检测需要打开机舱盖出舱作业，可能的事故一是发生高坠事故，二是可能发生物件高处坠落伤及地面人员		（1）出舱作业人员必须配用包括全身式安全带、二次保护安全绳、缓冲器、连接器、限位绳等全套防高坠器具。	（1）一旦发生高坠事故，应立即对伤者现场抢救，并即刻向当地医疗机构求助，以最快速度送医治疗。

续表

序号	事故类型	事故防范要求	涉及工器具	现场处置方案
11		（1）出舱作业人员使用的工器具必须置于工具包内，使用时，十分小心，防止和避免工具坠落伤及地面人员。 （2）出舱作业人员和地面指挥人员须使用通信器材，随时保持通信畅通，及时沟通情况。 （3）地面人员应远离风机作业半径或滞留在塔筒底层内	（2）出舱作业人员和地面指挥人员须配用通信器材，并保持通信畅通。 （3）现场配备必需的抢救器材和医疗器材与药物	（2）发生高坠事故后搬运伤者时应特别注意正确的搬运方式，防止二次伤害。 （3）如事故发生在机舱或塔体较高部位，应采用紧急救援系统实施抢救。 （4）一旦发生高处坠物伤人，应立即就地进行抢救，如伤情较重，应立即送医，并将事故报项目经理部和业主单位
12	轮毂导流罩检测作业。 事故描述：轮毂导流罩空间狭小，危险随处可见。 （1）必须锁定叶轮，否则可能发生人身伤害事故；另外，还可能发生人身磕碰伤害和工具遗落事故。 （2）轮毂上作业，有可能发生高坠事故。 （3）器具意外坠落伤害现场人员	（1）必须锁定叶轮。锁定叶轮必须2人配合操作，确定叶轮锁定后，方可打开人孔，进入导流罩作业。 （2）导流罩内作业不得少于2人，且2人须配合协调，任何作业须经另一人确认方可作业。 （3）进入导流罩时，必须将工具置于工具包内，作业时须严防工具滑落。 （4）作业时，轮毂下不得有人。 （5）齿形带张紧度调整时，调整螺栓用力不得过猛，防止作业人员滑倒。	（1）在导流罩内进行检测作业时，作业人员必须配用密闭工具包、手持式照明器具。 （2）轮毂上作业，须戴好安全帽、穿好全身式安全带，挂安全绳；现场须备有紧急救援系统。 （3）现场应备有必要的医疗急救器材和药物。 （4）轮毂作业，风塔外应设置安全围栏或安全警戒线围栏，防止人员误入而发生工具等物件坠落伤人	（1）叶轮锁闭十分关键，一旦因未锁闭而发生事故，其性质和伤害程度均极高，故务必严加防范。一旦发生这类事故，伤者应通过紧急救援系统输送至地面，必须立即就地抢救并迅速送医。 （2）轮毂内作业因空间狭小，应防止和避免磕碰伤害，一旦发生，较轻的磕碰伤害应利用现场配备的医疗急救器材和药物就地救治；严重的应送医救治。 （3）发生高坠事故时，必须按高坠事故紧急抢救处理

续表

序号	事故类型	事故防范要求	涉及工器具	现场处置方案
12		（6）调整叶轮转速开关时，齿形盘端角锐利，须防止磕碰伤害，作业时使用对讲机。 （7）叶轮刹车测试时，叶轮转速不得过高。 （8）偏航测试时，偏航齿盘范围内不得有人或物。 （9）进行变桨测试时，变桨驱动盘范围内不得有人或物。 （10）撤离导流罩时，须清点工具数量，严防工具掉落或遗漏在导流罩内。 （11）变桨柜门须锁闭，导流罩内仅允许一种操作（偏航时禁止变桨）		
13	变桨柜检测作业。 事故描述： 触电事故；磕碰事故；工器具掉落伤人事故	（1）作业完毕，变桨柜门必须锁好。 （2）严禁偏航时进行变桨操作。 （3）变桨柜上电过程中如发生短路、漏电、冒烟、起火等情况，通常空开会自动跳闸；如若空开未自动跳闸，则即刻断开开关，再进行后续处理。 （4）如若发生火灾，须使用机舱灭火器紧急灭火。 （5）进行电压检查时，严防误操作引发端子间短路	（1）手动断开空开时，必须佩戴绝缘手套。 （2）作业时戴安全帽防止磕碰。 （3）作业时，工器具放置在不易滑落或使用完放置在工具包内，工具包固定好，防止高处的工具或工具包掉落砸伤低处（如叶片内）的作业人员	（1）一旦发生触电事故，立即断开电源，使触电人员脱离电源。按照触电抢救流程进行处理。 （2）发生轻微磕碰和砸伤等机械事故时，使用机舱医疗急救箱内药品设备进行简单处理，严重时，使用急救通道将受伤人员送至地面就医

续表

序号	事故类型	事故防范要求	涉及工器具	现场处置方案
14	手动变桨测试。 事故描述：变桨时将叶片内人员搅倒，磕碰伤；变桨盘挤伤导流罩内人员；变桨齿形带断裂伤人	（1）手动变桨测试时，须确保叶片内无人，防止叶片转动时导致人员摔倒。 （2）手动变桨测试时，变桨盘范围内无人员、工具、物件等，防止变桨盘转动时挤伤人员，损坏物品。 （3）导流罩内有人员时，必须充分沟通（使用对讲机进行沟通，防止沟通不清楚），仅允许在确保人员所处位置安全后方可进行变桨操作	变桨作业时佩戴安全帽；穿防护鞋等PPE装备	发生轻微磕碰伤、挤伤、齿形带断裂伤人等机械伤害时，使用机舱医疗急救箱内药品设备进行简单处理，严重时，使用急救通道将受伤人员送至地面就医
15	接近开关、限位开关测试。 事故描述：扳手掉落伤人；变桨盘意外动作挤伤作业人员	（1）拆卸接近开关、限位开关挡块时，注意确保工器具及挡块不掉落，作业时变桨盘下不应有人。 （2）轮毂内外作业人员确保沟通顺畅，变桨盘上人员正在作业时，禁止变动桨叶，以免伤及作业人员	作业时佩戴安全帽，在变桨支架，轮毂上作业时穿全身式安全带、挂安全绳、穿防滑绝缘安全鞋	发生轻微磕碰伤、砸伤、挤伤等机械伤害时，使用机舱医疗急救箱内药品设备进行简单处理，严重时，使用急救通道将受伤人员送至地面就医
16	维护手柄测试。 事故描述：偏航齿轮挤伤作业人员；发电机转子碰伤、挤伤作业人员	（1）使用维护手柄测试变桨时，确保导流罩内无人员及其他物品、叶轮锁定松开。 （2）使用维护手柄测试叶轮刹车时，确保导流罩内无人员及其他物品、叶轮锁定松开；人员不要将头或身体伸进人孔观察刹车情况，避免碰伤挤伤。 （3）使用维护手柄测试偏航时，确保无人员在偏航齿轮附近位置，避免碰伤、挤伤	作业时佩戴安全帽	发生轻微磕碰伤、挤伤等机械伤害时，使用携带的医疗急救箱内药品设备进行简单处理，严重时，使用急救通道将受伤人员送至地面就医

续表

序号	事故类型	事故防范要求	涉及工器具	现场处置方案
17	偏航余压测试。 事故描述：由于偏航由液压驱动，易发生液压油伤害事故	偏航系统主要是机械与液压部件，作业时须对眼部、手部进行防护，避免意外伤害	（1）作业人员佩戴眼部护目镜。 （2）作业人员佩戴耐油防护手套	严格安全作业规定，避免事故的发生。一旦液压油进入眼睛，应立即为被伤害者进行现场眼部清洗，伤害如若严重应立即送医治疗
18	发电机绝缘测量。 事故描述：测试作业易发生触电等人身伤害或设备事故	（1）严禁雷雨天气测量发电机的绝缘。 （2）严禁在高压设备附近测试绝缘电阻。 （3）仅允许在设备不带电且无感应电的情况下测量绝缘。 （4）测量带有IGBT（绝缘栅双极型晶体管）或其他电力功率器件回路的绝缘时，须将其脱离方可测量。 （5）使用绝缘电阻表测量时，严禁对被测器件进行操作。 （6）测量结束须对大电容设备放电。 （7）使用兆欧表测量须按照兆欧表使用要求进行。 （8）测量作业不得少于2人，保持安全距离并相互监护	使用兆欧表测量须按照兆欧表使用安全要求执行	（1）如若发生触电事故，须立即按触电事故处理的方法处理。 （2）如若发生设备事故，立即停止作业，查清事故原因和设备损害情况，有针对性地进行对应处理
19	变流系统上电风险。 事故描述：触电风险；功率整流模块失效时爆燃物体飞出伤人	开关上电时，确保系统检查正常无短路等现象，戴绝缘手套上电；变流系统上电时，功率整流模块存在失效风险，须紧闭柜门	上电时戴绝缘手套；戴安全帽	（1）如若发生触电事故，须立即按触电事故处理的方法处理。 （2）发生轻微机械伤害时，使用携带的医疗急救包进行处理，严重时送医

续表

序号	事故类型	事故防范要求	涉及工器具	现场处置方案
20	机组并网测试。 事故描述：机组并网测试事故主要是机组设备事故	（1）并网测试必须确保所有人员、测试物品、工具等已经撤离机舱，处于塔底平台安全位置。 （2）清点所有工具等物品数量，确保风机设备内无遗落工具等物品。 （3）查明各系统测试正常	并网测试时，一旦发现机组有异常噪声、振动、烟味、灼烧味、放电、漏水等现象，立即紧急停机，待检查证实机组正常后继续并网测试	

5.5.4　风电场基建阶段交通运输的专项应急预案及现场处置方案

风电场基建阶段的交通运输安全和通常的交通安全基本相同，但由于风机设备大多具有超长、超宽、超重的特点，运输过程中需要尤为审慎，加上在进入风电场现场时，一般情况下风电场的道路较为狭窄，坡道较多，滩涂等风电场道路普遍强度较差，需要铺垫钢板等进入现场；因此，运输安全不能忽视，在设备、人员运输进场的全过程中始终要将安全放在首位，同时编制必需的专项应急预案，做到万无一失，保人身、保设备。相关的事故防范要求和现场处置方案见表 5–4。

表 5–4 风电场基建阶段交通运输现场处置方案

序号	事故类型	事故防范要求	涉及工器具	现场处置方案
1	风机专用道路事故。 事故描述：道路构筑不规范，致使边坡坍塌、水毁	风机专用道路建设应严格按照重载道路施工，尤其注意边坡、软路基、排水沟道的建设质量，保证风机进场的车辆运输安全和风机投运后的道路行驶安全		（1）如在进入风机专用道路之前发生边坡坍塌、水毁等，则停止使用风机专用道路，待维修合格后再进入风机现场。 （2）如在使用过程中道路出现问题，先检查车辆，再检查设备。对于出现的问题应根据具体情况按照车辆安全行驶的要求处理
2	车辆伤害事故。 事故描述：车辆行驶中引起的人员坠落或物体倒塌、飞落、挤压等造成的伤亡事故。不包括依据事故当时环境而定的起重提升、牵引车辆和停驶车辆发生的事故	（1）根据车辆使用作业指导书，现场使用的任何车辆都不得人货混装，以免车辆行驶过程中对人员造成伤害。 （2）载人车辆行驶中，必须严格执行中速行驶的规定，不得超速。在人员未完全上完或车门未关闭或关闭未到位等异常情况下，不得启动车辆。 （3）车辆司驾人员驾驶车辆时必须集中精神，不得与搭载人员说话，同时必须事先了解和掌握行驶道路的路况，严禁弯道不减速、甚至超车等任何违规驾驶行为。 （4）司驾人员在行驶中如遇诸如有开山爆破、风机设备运输等情况，必须及时采取措施，或避让或绕道，绝不允许强行通过。 （5）搭乘人员必须遵守乘车规定，不得将身体的任何部位探出车外，不得在车内打闹嬉戏，同时系好车内座位安全带	（1）司驾人员配备必要的个人安全防护器具。 （2）车内配备必要的医疗器材和急救用药	（1）事故现场人员应在向附近交通警察报警的同时，向过往车辆和行人请求援助。 （2）立即开展自救，同时将警示标志放置在距故障车 150m 路段并打开双闪警示后车，夜晚发生故障时可以适当延长安全距离至 200m，避免二次伤亡。 （3）根据现场人员的受伤程度进行紧急救护，在医务人员未接替抢救前，现场抢救人员不得放弃现场抢救。 （4）救援人员到达现场后脱险人员应向救援负责人交代现场情况，积极配合救援工作。 （5）当预测到现场可能发生爆炸等危险时，人员应设法尽快撤离到安全地带。 （6）发生骨折时，现场处置方案见“物件打击伤害导致骨折的现场处置方案”

5.5.5 风电场基建阶段恶劣自然环境引发事故的专项应急预案及现场处置方案

由于风力发电的特点，风电场所处的自然环境都较为恶劣，加上风力的变化和地形、洋流、天气等密切相关，在这种环境条件下进行风电场的基建阶段作业，必须随时密切关注天气与环境的变化，随时调整基建作业的内容与进度，避免由于自然环境引发的事件或事故，同时编制必需的专项应急预案，以应对可能突发产生的事件或事故。相关的事故防范要求和现场处置方案见表5–5。

表5–5 风电场基建阶段恶劣自然环境引发事故的现场处置方案

序号	事故类型	事故防范要求	涉及工器具	现场处置方案
1	严寒伤害。 事故描述：严寒导致的人员伤害	穿用防寒型PPE，以尽可能避免冻伤或减轻伤害程度	穿用防寒型PPE，以尽可能避免冻伤或减轻伤害程度	（1）应立即将伤者转移，脱离低温环境（轻度冻伤者自行离开），脱掉湿冷衣服、鞋袜和手套，换上干燥衣服和鞋袜。 （2）用温水（38～42℃）浸泡患处，浸泡后用毛巾或软的干布进行局部按摩。 （3）患处若破溃感染，在局部用65%～75%酒精消毒，吸出水泡内液体，外涂冻疮膏、樟脑软膏等，保暖包扎。必要时用抗生素及破伤风抗毒素。 （4）全身冻僵者，要迅速复温。先脱去或剪掉患者的湿冷的衣裤，在被褥中保暖，也可用25～30℃的温水进行淋浴或浸泡10min左右，使体温逐渐恢复正常。但应防止烫伤。

续表

序号	事故类型	事故防范要求	涉及工器具	现场处置方案
1				（5）如有条件可让患者进入温暖的房间，给予温暖的饮料，使伤者的体温快速升高。同时将冻伤的部位浸泡在38～42℃的温水中，水温不宜超过45℃，浸泡时间不能超过20min。 （6）发生冻僵的伤者已无力自救时，救助者应立即将其转运至温暖的房间内，搬运时动作要轻柔，避免僵直身体受到损伤。然后迅速脱去伤者潮湿的衣服和鞋袜，将伤者放在38～42℃的温水中浸浴；如果衣物已冻结在伤者的肢体上，不可强行脱下，以免损伤皮肤，可连同衣物一起浸入温水，待解冻后取下。 （7）对于严重冻伤或冻僵伤者，在进行初步急救的同时须立即报告上级及业主单位，并联系救护车，就近送医疗机构救治
2	高温伤害。 事故描述：高温天气环境下引发的人身伤害事故	见“土建阶段中暑”	见“土建阶段中暑”	见“土建阶段中暑”
3	异常大雾	随时关注天气预报和天气变化，根据具体情况和作业规范书要求决定作业与否		（1）出现异常大雾应立即停止现场作业。 （2）所有现场人员，无特殊紧急情况禁止外出。

续表

序号	事故类型	事故防范要求	涉及工器具	现场处置方案
3				（3）所有外出作业车辆原地等待。 （4）紧急情况行车时，打开前后雾灯，没有雾灯可开近光灯，禁止开远光灯，行驶速度不大于10km/h。转弯时要鸣喇叭，打转向灯，前后车辆距离保持在20m以上。在雾中停车时，要紧靠路边，最好开到道路以外，打开雾灯，不要坐在车里。 （5）关闭门窗，必须外出时戴好口罩
4	异常大雪	随时关注天气预报和天气变化，根据具体情况和作业规范书要求决定作业与否		（1）业主及现场作业负责人或监理人员与当地政府主管部门取得联系，汇报异常天气情况，必要时请求支援。 （2）密切关注局部天气预报，若异常大雪天气短时间内无停止的可能，应当向上级领导汇报并向地政府主管部门请求支援疏导交通，清理积雪，同时合理安排现有生活物资的使用，等待外界救援物资
5	地震灾害	（1）随时关注当地地质地震部门的预报通报，根据具体情况和作业规范书要求决定作业与否。		（1）当地震发生时，以低姿势躲在柜子、桌子等坚固的家具旁（切勿躲在下面）或有坚固物体支撑的房间里。

续表

序号	事故类型	事故防范要求	涉及工器具	现场处置方案
5		（2）一旦发生地震，不论震级，人员都必须立即撤离现场，待判明情况并有相关权威结论后再决定作业与否		（2）当震感暂时消失后，所有人员应快速逃离到安全地带，逃离过程中应有组织，避免发生踩踏事件。 （3）震后将受伤人员就地实施急救，同时须立即报告上级及业主单位，并联系救护车，就近送医疗机构救治。 （4）风电场业主和现场负责人设法与上级领导取得联系，汇报详细受灾情况
6	台风、洪汛、强对流天气	随时关注天气预报和天气变化，根据具体情况和作业规范书要求决定作业与否		（1）立即停止工作，所有人员躲避到安全地带。 （2）若灾害发生造成人员伤害，应立即展开现场自救，对受伤人员实施紧急救护，同时须立即报告上级及业主单位，并联系救护车，就近送医疗机构救治。 （3）台风、洪汛和强对流天气过后，现场负责人应立即组织人员对现场设备（包括待安装的风机设备）进行详细检查，发现问题即刻报告上级，等待处理
7	地质灾害	（1）随时关注当地地质部门的预报通报，根据具体情况和作业规范书要求决定作业与否。		（1）发现者立即向风机现场负责人汇报。 （2）风机现场负责人立即查看设备受损情况，做出相应决定。

续表

序号	事故类型	事故防范要求	涉及工器具	现场处置方案
7		（2）一旦发生坍塌、泥石流、滑坡等地质灾害，人员都必须立即撤离现场，待判明情况并有相关单位决定整治方案后，按方案执行		（3）若通信中断，应设法和上级领导取得联系，告知现场情况和联系方式。 （4）若出现道路中断，现场负责人应当组织人员和周边居民进行抢修。如危及人身安全，应尽快组织人员撤离到安全地带，并加强对险情的监测，现场实行24h值班，直到险情完全解除
8	雨雪冰冻灾害	随时关注天气预报和天气变化，根据具体情况和作业规范书要求决定作业与否	配备必要的防护装具	（1）现场负责人应当立即组织人员对已建升压站和路线进行巡查，清理。巡查过程中要防止人员摔伤。当发现瓷瓶、导线覆冰严重时，要根据实际情况进行除冰，并防止瓷瓶炸裂或导线负重过大断裂。 （2）应组织人员步行对集电线路、杆塔和风机进行详细检查，发现结冰严重的应及时进行处理。 注意事项： 1）待调风机的桨叶结冰时，应禁止接近风机（120m以内），防止冰层脱落伤人。 2）在灾害未消除之前，应禁止驾驶